马云

世界上最大的谎言是你不行

张俊杰◎著

中国商业出版社

图书在版编目（CIP）数据

马云：世界上最大的谎言是你不行 / 张俊杰著 . --
北京：中国商业出版社, 2018.12

ISBN 978-7-5208-0188-1

Ⅰ . ①马… Ⅱ . ①张… Ⅲ . ①成功心理—通俗读物
Ⅳ . ①B848.4-49

中国版本图书馆 CIP 数据核字 (2018) 第 015863 号

责任编辑：姜丽君

中国商业出版社出版发行

（100053 北京广安门内报国寺1 号）

010-63180647 www.c-cbook.com

新华书店经销

三河市三佳印刷装订有限公司印刷

*

710×1000毫米　1/16开　16印张　250 千字

2019年4月第1版　2019年4月第1次印刷

定价：39.80元

* * * *

（如有印装质量问题可更换）

| 序言 |

2018 年 9 月 10 日，这一天是教师节，马云宣布将在一年后不再担任阿里巴巴董事局主席，由现任集团 CEO 张勇接任。他将回归自己一直以来最热爱的身份——老师。“我进入商界完全是误打误撞，本来就想玩两年，没想到搞了 20 年。最后，我还是会回到老师这一行。”

马云于 1984 年考入杭州师范大学外语系英语专业，毕业后在杭州电子工业学院（现杭州电子科技大学）做了 6 年老师。他说，这段教师经历让自己受益匪浅。在阿里巴巴，马云充当“首席教育官”的角色——用做老师的方式管理团队，找到比自己优秀的人才，激励、培训、支持他们做事。

从 50 万元创业资金、18 个人的创业团队起步，马云在网络世界中大展身手，他创立的阿里巴巴集团打造了全球最大电子商务平台，年交易额达数万亿元；创建互联网支付、物流体系等，为中小企业打造商业基础设施；建立全球领先移动支付网络，通过大数据技术建立新型社会诚信体系；自主研发飞天操作系统，奠定中国云计算基础。

马云能够带领阿里巴巴集团跻身全球企业市值前十，使中国在电商、互联网金融和云计算领域的国际竞争中居于领先水平，离不开他强大的内心和超人的格局思维。

“如果我成功了，那么成功的原因是什么呢？我觉得就是永不放弃。”

任何时候，马云都表现出坚定的信念，不仅感染了周围的人，还影响着更多的人一致行动。

世界潜能激励大师安东尼·罗宾说："你有什么样的感觉，你就有什么样的生活。"悲观的人，先被自己打败，然后才被生活打败；乐观的人，先战胜自己，然后才战胜生活。显然，一个人如果在心理上输给别人，就不可能在其他方面获得超越。

事实上，马云拥有多重身份——创业者、商人、企业家、领导者、教师……他能出色胜任每种角色，都源于心理上的胜利，并由此具备了成功的意识。

作为创业者需要具备前瞻性眼光，早在1999年大多数国人尚不知互联网为何物时，马云已经看到它在中国的巨大发展空间，于是创办了阿里巴巴；

作为商人需要气度非凡，"让天下没有难做的生意"是马云至今未变的愿景，他立志服务中小企业，见证了中国经济和互联网消费市场走向繁荣；

作为企业家需要具备历史的自觉，在中国高端科技急需突破和发展的时候，2018年马云带领35名高管访问以色列，为中国芯片技术打破境发力；

作为领导者需要战略布局能力，为了让事业传承下去，马云孜孜不倦地发现、培育人才，为后来者搭桥铺路，让张勇接棒阿里董事局主席一职成为他"最正确的决定"；

……

本书从人生哲学、经营哲学两个维度，全景展示马云的成长史、创业史，对其心路历程、商业思维进行深度分析，看他如何颠覆传统，看我们的世界如何因他而变。

| 目录 |

上篇　马云谈人生哲学——我的世界永不言败

第03章　马云谈成长 | 男人的胸怀是靠委屈撑大的 / 029

人生舞台有欢笑，也有泪水，每个人都要在起起落落中学会成长。男人的胸怀是靠委屈撑大的。不经历委屈，你不会珍惜来之不易的胜利；受不了委屈，你会容易让人太早祭奠和悼念。

第04章　马云谈自律 | 创建高效行为习惯，成为理想的自己 / 041

亚里士多德说，人是被习惯塑造的，所有的优秀都来源于良好的行为习惯，并非一时的冲动。换句话说，所有优秀背后，都是苦行僧般的自律。

第05章　马云谈勇气 | 战胜不了怯懦，你就会输一辈子 / 053

一个人只做能力范围内的事，永远无法突破自我。任何时代，没有敢于承担风险的胆略，没有独闯天涯的勇气，成不了气候。有大格局的人，都有非凡的气度和魄力。

普通棋手与大师级棋手的区别在于，前者想一步走一步，后者走一步想十步，这恰恰是眼界的差异。如果不想成为有才华的穷人，就别因为眼前的处境，局限自己的世界。

许多时候，想让别人认同你很简单，只要学会表达、懂得沟通，成为一个会讲故事的人就可以。马云除了能干，也会说，他善于也敢于把自己推销出去，亮出鲜明的观点，让全世界去模仿。

第08章　马云谈奋斗 | 去做你害怕的事，害怕自然就会溜走 / 091

“很多人可以抄袭我们的创意，我们的模式，但是他们抄袭不了我们付出的努力和汗水。”在有生之年，努力是一辈子的护身符。当你走路喊累的时候，请不要忘记，还有人正跪着前行。

第09章　马云谈失败 | 困难时，请学会用左手温暖右手 / 105

岁月不可回头，真正拼过就是活过。人生逆流成河，不过是它原本该有的样子，最重要的是别对生活失去希望，勇敢走过人生的鄙夷与不屑，活出你最精彩的样子。

下篇　马云谈经营哲学——天下没有难做的生意

第10章　马云谈创业 | 创业成功需要眼光、胸怀和实力 / 117

创业者需要面临的风险和未知情况太多，经营格局不大的人很难在关键时刻把握方向，做出正确决策。不盲目跟从、不纵容贪欲、不轻易相信承诺、不虚荣……创业者“心智成熟”之时，也就是创业成功之日。

第11章　马云谈管理 | CEO看到的不应该只是机会，还有灾难 / 131

远见、战略、制度、人才、文化，是公司管理的五大武器。看起来很复杂，其实有两大核心：一是愿景，二是支撑愿景的元素。马云属于愿景领导者，讲述一个激动人心的故事，让听故事的人为了实现这个目标而奋斗。

第12章　马云谈团队 | 共享共担，让平凡人做非凡事 / 145

世界上最好的团队是唐僧团队。唐僧是最无为的领导，迂腐地只知道“获取真经”；孙悟空脾气暴躁，却有通天的本领；猪八戒好吃懒做，但情趣多多；沙和尚中中庸庸，但是任劳任怨地挑担子。这样的团队无疑比“一个唐僧三个孙悟空”的团队更能够精诚合作、同舟共济。

整个世界都在为互联网喝彩，它像一个贪心的孩子，在急速地成长，急速地完成换代周期。可以说，创新几乎成了互联网发展唯一的原动力。没有高超的创意和创新能力，没有在变化之前占尽先机的睿智，阿里巴巴绝对不能走到今天。

马云说：“我们要看清楚未来十年、二十年、三十年，这个社会碰到的最大问题是什么。如果今天人类的做法，在一二十年以后一定会出现问题，那么我们今天开始行动，坚定这个方向，到时候问题出来的时候我们有解决方法，这就是未来的战略。”

第15章　马云谈执行丨公司需要三流的点子加一流的执行 / 187

"如果有两种选择：一是一流的团队加三流的执行能力，二是三流的团队加一流的执行能力，我情愿选择后者。"只说不做是假把式，再好的想法如果没有实际有效的执行能力，那也只是纸上谈兵，毫无实用价值。所以在企业经营管理中，执行力比理念更重要。

第16章　马云谈竞争丨走自己的路，但不让别人无路可走 / 199

互联网经济所到之处，充斥着对传统行业的压力和冲击，其实互联网行业内部的竞争更为惨烈。短短20年间，引领互联网潮流的大旗数次更迭，阿里巴巴为何屹立不倒？马云说，"真正厉害的竞争之道，是站在顾客的角度考虑问题，而不是站在赚钱的角度。"

第17章　马云谈电商 | 用互联网思维把生意做到全世界 / 211

企业要成长需要做很多工作，电子商务作为一种工具，不是救命稻草，它只是企业发展中运用的一种手段。当你拿到这个工具之后，要回家自己解决问题，这才是真正的电子商务。

第18章　马云谈财富 | 帮助别人赚钱，然后才能让自己赚钱 / 223

“赚钱”给了创业者最原始的冲动，然而它绝不是唯一和最终的奋斗目标。在创业过程中，心智的磨练、个人价值的实现、生死之交的相遇、社会责任的承担……都可能超越账面上的财富。因此，“看淡钱”“看重人”才是一个企业家该有的价值观。

上 篇

马云谈人生哲学——我的世界永不言败

“要有强大的抗打击力”，这是马云对所有创业者说得最多的忠告。他说，我们每天都要面对困难和失败，而不是成功。困难是不能躲避的，也不能让别人替你扛，只有自己勇敢面对。每次遇到困难和打击，只要你扛过来了，就会变得更加坚强，也更加自信。

生活是艰难的，创业是艰辛的，最关键的是面对困苦，你是否有“把事情做好”的勇气和直觉。人生逆流成河，不过是它原本该有的样子，学会在最困难的时候说“我能”，一定会熬过残酷的今天，迎来美好的明天。

第01章　马云谈梦想

你的梦想是世界上最伟大的事情

梦想还是要有的，万一实现了呢！马云没有良好的家庭背景，缺乏出色的专业技能，却取得了石破惊天的成功，因为他是一个有理想的人，拥有一个不屈的灵魂。

在人生艰难时刻看到希望

> 今天很残酷，明天更残酷，后天很美好，但是大部分人会死在明天晚上，所以不要放弃今天。

生活失去了梦想，就看不到希望。对一个人来说，“希望”意味着什么呢？它像沙漠里的绿洲，像荒岛上的同伴，也许这些看似都不重要，但是却支撑着一个人的全部。

跟马化腾、李彦宏等人相比，学生时代的马云算不上优秀。那时候，在各门课程中最令人头疼的，非数学莫属。马云曾经自嘲：“中考的时候，我连考了两次都名落孙山，最大的原因就是数学太差。这跟脑袋太小有些关系。”

1982 年，18 岁的马云第一次参加高考，惨遭滑铁卢，其中数学只得了 1 分。第一次高考落榜后，他很灰心，认为自己不是考大学的料子，于是开始四处打零工谋生。每天，他骑着一辆装满货物的笨重三轮车，跑在崎岖不平的路上。

有一次，马云给一家文化单位送书，在金华火车站的候车室里捡到一本书，是路遥的中篇小说《人生》。主人公高加林持之以恒地追求梦想，他被这种精神深深地触动了。从此，马云明白了一个深刻的人生哲理：人生之路，不仅是漫长的，更是充满坎坷、曲折的，如果想有所成就，必将经历一番磨练。于是，他决定再战高考。那年夏天，马云天天骑着自行车，往返于家里和补习班之间。

1983 年，19 岁的马云第二次参加高考。虽然他满怀信心，但是老天偏偏喜欢开玩笑，结果再次惨败，数学考了 19 分，高考成绩离录取线差 140 分。至此，父母不再对马云抱希望，认定这个孩子不是考大学的料，劝他安安心心学点儿手艺，当个临时工混口饭吃。

但是，马云不甘心一辈子只当临时工，他要考大学，改变自己的命运。于是，他不顾家人反对，白天上班，晚上念夜校。为了提升学习效果，他常常跑到浙江大学图书馆，感受那里浓郁的学习氛围。

1984年，20岁的马云第三次参加高考。考试前三天，一直对马云的数学成绩不抱希望的余老师说："马云，你的数学真是一塌糊涂，如果你能考及格，我的'余'字倒着写。"结果，马云的表现让余老师大跌眼镜。考数学的时候，他靠10个死记硬背的公式，一道题一道题地尝试，最后居然得了79分（当时数学满分是120分，72分及格）。这个分数在马云的数学考试史上，绝对是破天荒的伟大成就。这一次，他考上了杭州师范学院，成为外语系的一名本科生。

对马云而言，人生路上的三次高考，早已成为他生命旅途中最宝贵的精神财富。从1分到19分，再到79分，马云越挫越勇。面对失败，马云没有轻言放弃，始终牢记考上大学的梦想，并让人生充满了希望。

德国哲学家布洛赫提出了"希望哲学"，他认为"希望"不仅是一种存在的意识特征，还是一种本体论现象，是"人的本质的结构"。也就是说，希望是身体的一部分，跟我们的耳朵、眼睛、血液一样，是个体存活下去不可缺少的一部分。

希望是黑暗中的明灯，是寒冬的阳光，是一切怯懦和失败的克星。只要心中有梦，就能看到希望，只要仍存期待，人生就有很多机会，甚至有一个莫大的惊喜在前面等着你。在这个世界上，只要始终能够看到希望，永远持有坚定的信念，就没有什么人和事可以将你打败。

在我们身边，每个人都有梦想。不同的是，有的人遭遇挫折时放弃了自己的梦想，而那些有大格局的人却始终坚持着，总能看到希望，即使承受太多的苦难也不放弃。看到希望就能看到未来，并且具备强大的意志力，从而笑到最后。

永不放弃，你才配拥有未来

如果我成功了，那么成功的原因是什么呢？我觉得就是永不放弃。

从杭州师范学院外语系毕业后，马云成为一名英语教师，充分展示自己的专业能力。然而，他不满足于按部就班的日子，6年后毅然选择下海经商。那是一个创业的时代，马云自觉地加入到这场历史洪流中。

1994年，马云筹集了3000元人民币，和朋友成立了杭州首家外文翻译社。他们先租了一间房，没想到房租就花去了一大半资金。第一个月很快过去，营业额还不到600元，工资完全没有着落。面对入不敷出的窘境，马云和朋友不得不依靠卖小商品维持公司运转，坚信可以继续做下去。

后来，马云因为精通英语被邀请赴美做商业谈判的翻译。在美国西雅图，他第一次接触了互联网。1995年，马云回国后创办了中国第一家互联网商业网站——中国黄页。虽然对计算机一窍不通，但是他隐隐中感受到了这股科技力量的强大，因此决心放手一搏。

1996年，互联网渐渐被人熟知，面对杭州电信的强大实力，最终马云不得已和对方合作；后来，因经营观念不同，双方最终分道扬镳。这一年是1997年，马云经历了第一次创业失败。

不久，马云接受外经贸部的邀请，加盟该部门旗下新成立的公司。仅仅过了2年，不甘心受制于人的马云选择辞职，继续寻找新的奋斗方向。这时候，从杭州跟他一起出来打拼的团队成员放弃其他机会，全部选择追随左右。这一年是1999年，马云遭遇了人生第二次创业失败。

随后，一帮人悄悄地回到杭州，开始进行第三次创业。经过一番筹划，他们投资 50 万元人民币创立了阿里巴巴网站。当时，正值中国互联网最疯狂的时候，许多网站纷纷易帜或转向短信、网络游戏业务，马云仍然坚守在电子商务领域。

网站运营捉襟见肘，为了节约开支，公司就安在马云的家里，员工每月只能拿 500 元工资，累了就在地上的睡袋里睡一会儿。由于没有找到合适的业务，公司在几年内不仅没有收入，还背负着庞大的运营费用。2001 年，互联网行业跌入低谷，不少公司纷纷倒闭，但是马云依然坚持着。

进入 2002 年，互联网行业迎来最寒冷的冬天。对阿里巴巴这个刚刚成立的互联网企业来说，这无疑像刚发芽的小草遭遇了一场强劲的寒流。这时，马云对大家说，“我们不怕被打击，我们不怕失败，最差的结果也只不过是重头再来，而且没有什么失败可以阻挡我们重头再来，只要坚持住。”结果，阿里巴巴不仅奇迹般地活下来了，并且还实现了盈利。

有大格局的人永不放弃，不会向失败低头。显然，马云就是这样的人。其实，失败并不可怕，可怕的是我们没有勇气面对，没有重头再来的信念，乃至失败后放弃了坚持。而不怕失败、敢于重头再来的人，一定会创出属于自己的一片天地。

阿里巴巴从横空出世，到锋芒初露，直至日后成为全球最大网上贸易市场、全球电子商务第一品牌，并逐步发展壮大为阿里巴巴集团，离不开那份可贵的坚持。这一次，马云终于成功了。

坚守梦想并不容易，大多数人因为缺乏恒心导致失败，这是因为他们身上缺乏坚韧的品质。当方向确定以后，成功更多依赖一个人在逆境中的恒心与忍耐力，而不是天赋与才华。布尔沃说：“恒心与忍耐力是征服者的灵魂，它是人类反抗命运、个人反抗世界、灵魂反抗物质的最有力支持者。”

为了梦想顶住压力、隐忍多年，需要强大的信念支撑。马云曾说过：“在互联网最痛苦的时候，我们在公司里面讲得最多的词就是‘活着’。

我永远相信只要永不放弃，我们还是有机会的。”他在黑暗中坚守梦想，等来了曙光。

没有梦想比贫穷更可怕

永远不要忘记自己第一天的梦想！只要牢记梦想，始终沿着最初的目标走下去，就会距离成功越来越近。

万事开头难，阿里巴巴刚起步的时候严重缺乏资金。为了节省办公开支，马云将自己的家当成“办公场地”，最多的时候35个人挤在一个房间里，其困窘程度可想而知。尽管那时候阿里巴巴很穷，但是在马云看来，贫穷并不是最可怕的东西，比贫穷更可怕的是没有梦想。

谈到战胜“贫穷”的心路历程，马云这样说：“创业者首先要有梦想，这个很重要。如果没有梦想，为做而做，盲目前行，肯定不会成功。”除了办公环境十分糟糕，早年阿里巴巴连发工资都是问题，最穷困的时候，马云只能四处借钱。即便如此，依然有不少精英“慕名”加入阿里巴巴，依然有不少“精英中的精英”即使拿着微薄的工资也坚守在阿里巴巴的工作岗位上。

吴炯是雅虎搜索引擎的底层专利发明人，在加入阿里巴巴之前，他已经在互联网行业身价不菲。2005年5月，吴炯回国顺道看望马云，即便在多年后也对当时的场景记忆犹新，“整个团队都挤在马云的家里，所有参与创业的人都把自己的钱拿出来投入到公司中，每个月只拿基本的生活费。大家没日没夜地干，这种使命感比雅虎当年有过之而无不及。”马云及其团队对“梦想”的坚持深深打动了吴炯，当即决定加入阿里巴巴。

前InvestAB公司的副总裁蔡崇信，前GE公司高管关明生，世界贸易组织前任总干事彼得·萨瑟兰……这些人原本都有丰厚的收入、舒适的办公环境，他们为什么会舍弃眼前的美好前程，选择和马云一起打拼呢？对此，蔡崇信的理由很单纯，“这里有一些做事的人，他们在做一件让人觉得很有意思的事情。”于是，他毫不犹豫地加入进来。

那么，一穷二白的马云是如何“忽悠”这些精英加入自己的战队呢？对此，马云坦诚地说：“因为我有梦想，他们也有梦想，我们都想通过阿里巴巴实现共同的梦想。”没有梦想就没有希望，马云深知这一点，所以他将“梦想”的力量充分挖掘出来，用“梦想”编织出“美好未来”，鼓励团队成员共同奋进。

英国首相丘吉尔说过：“一个人可以面对多少人，就代表这个人的人生成就有多大。”毫无疑问，马云是一个非常擅长用语言和激情造梦的“布道者”。他凭借三寸不烂之舌，说服客户掏钱把企业资料放到网上；靠着无与伦比的“造梦能力”，在没有高薪的情况下吸引了一大批“志同道合”的精兵良将……这些都要归功于“梦想”的力量。

贫穷并不可怕，可怕的是没有梦想。马云不仅有做大“电子商务”的梦想，更从未忘记过自己创立阿里巴巴的初衷，无论后来收购雅虎，还是开通支付宝业务，都是为了“电子商务”这个最初的梦想服务。

在起步阶段，创业者总会遇到各种各样的困难与挫折，如果没有梦想的指引，很容易在不知不觉中走入“歧途”。显然，如果没有梦想，那么就失去了前进的方向，就丧失了吸引人才的能力。一个没钱、没人、没方向的团队，自然只有失败一条路可走。

一个没有梦想的人难成大器，同样一个没有梦想的企业注定不会有未来。许多创业者常常把失败归咎于“资金短缺”、“人才不足”、“市场环境不好”等，然而这真的是创业失败的罪魁祸首吗？在马云看来，它们只不过是冠冕堂皇的借口而已。

有梦，敢去想，就是梦想。梦想似乎是心中那座美好的乌托邦，它给我们带来的是希望，是憧憬，更是前进的动力。每天清晨醒来，都应该认真想一想，不要让自己的梦想埋葬于昨夜的梦魇。梦想总是要有的，只要不忘初心，它总有一天会照进现实。

人生要有梦想，而不能只有目的。梦想是人生的希望，没有它，我们就会陷入困惑和迷茫；没有它，我们就会丧失兴趣。有大格局的人胸怀梦想，他们努力奋斗，不忘初心，让人生赢得更多出彩机会。

仰望星空，也不忘脚踏实地

我不太相信那些搞策划的大仙们，我认为蒙牛、小肥羊不是策划出来的，是在产品、服务和体系等方面踏踏实实努力的结果。

很多创业者容易犯“好大喜功”的毛病，目标很远大，却忽视了实际情况，结果梦想最终沦为“水中月”、“镜中花”，一进行实际操作就会立即死亡。事实证明，任何脱离实践的梦想都是缺乏生命力的，正如马云所说，好的梦想必须接地气。

听说过捕虾米致富的，但没听说过捕鲸鱼致富的，尤其是创业初期，千万不能盲目地追求“大”。美国是互联网行业最早成熟的地区，基本上所有电子商务都为少数大公司服务，但中国与美国的国情完全不同。在中国，随着计划经济的结束，国有资产退出了除电力、石油、铁路等绝大部分市场。伴随着市场经济兴起，超过 90% 的市场主体都是中小企业，在这种情况下，盲目追求为大企业提供电子商务服务根本行不通。

1999 年 2 月，“亚洲电子商务大会”在新加坡举行。当时，80%的与会者都是欧洲人、美国人，黄皮肤的亚洲人寥寥无几。在大会上，马云一针见血地指出：“美国是美国，亚洲是亚洲，我们不能照搬 eBay、AOL、亚马逊和雅虎的模式。亚洲 80% 是中小企业，一定要有自己的模式。”创办互联网企业不仅要有梦想，更要“接地气”，符合中国的市场。显然，只有建立在现实基础之上的梦想才有生命力，才能从最初的设想逐渐成为现实。

后来，马云在美国纽约演讲时指出："互联网经济因小而美。"在传统商业模式中，成功者无一不是颇具规模的大公司、大集团，但这种以规模定成败的衡量标准并不适用于网络和电子商务。

商业领域有一个著名的"二八定律"，人们受此影响一直都认为"世界上 80% 的财富集中在 20% 的人手中"；因此，想赚大钱必须想办法做 20% 的有钱人的生意。诚然，这种商业定律有其存在的合理性，但它并不足以统治互联网。马云是一个草根创业者，阿里巴巴一直在做"草根阶层"的生意；在他看来，"中小企业才是商业的主宰者"，"草根才是大众消费的主力军"。阿里巴巴和淘宝的成功也确实证明了这一点。

从创办翻译社到成立阿里巴巴，再到支付宝、娱乐宝，马云一直都是一个怀抱梦想的实干家。他有梦想，但也曾因"梦太大"而栽跟头。

1999 年，马云和很多企业家一样想把企业做大，这本是无可厚非的事情。但是，当时阿里巴巴的实际情况根本不适合"做大"。为了让公司一开始就走向"国际化"，马云斥巨资在美国硅谷、英国伦敦和韩国分别设立了三家分支机构和合资企业，不仅在香港设立了公司总部，还在北京、上海、浙江、山东、江苏、福建、广东等地一口气成立了十几家分公司和办事处。

当时，马云可谓意气风发，欧洲、美国到处都有他四处演讲的身影，阿里巴巴也因此成为全球媒体争相报道的对象。甚至，斯坦福、哈佛等世界级名校都把阿里巴巴作为专门的商业研究对象。不管是马云还是阿里巴巴，在当时都可谓风头无双。

不接地气的梦想虽然短期能够带来一种"成功的飘飘然"，能够营造出一种"高大上"的假象，但因为缺乏坚实的根基，迟早会狠狠地摔下来。没过多久，互联网行业全线崩溃，急速进入低潮期，正像《IT 时代周刊》描述的那样：阿里巴巴"像电梯从天堂一层层下落到地狱"，马云的"国际化"梦想被残酷的现实摔得粉碎。

发展过快和急速扩张，让阿里巴巴出现了一系列后遗症：经营成本过于高昂、各个国籍的工作人员沟通不畅、不同文化背景导致帮派现象、规章制度落后……随着互联网寒冬的到来，这种弊病被无限扩大化，马云面临的压力也越来越大，最后他不得不采用“收缩战略”，重新回到“老革命根据地”重新布局。

“想生存，先做好，而不是做大”，在经历了扩张失败和互联网寒冬之后，马云对企业的经营战略又有了新的认识。对一个企业来说，梦想很重要，但是梦想接地气更重要。拥有伟大的梦想是好事，但如果脱离了实际情况，如果还没学会走就想跑起来，那么必然要摔跟头、吃苦头。

有了如此惨痛的教训，马云在后期的经营中形成了“化整为零”、“化大为小”的管理思路。在接受媒体采访时，马云曾明确表示：“阿里的惯例就是把大公司化为小公司来做，这样才能建立更加创新的机制，才能让更多的年轻人和新同事成长起来，在‘小’环境里让大家有更多展示才华和能力的机会。”

后来，马云将淘宝拆分成三个独立公司，就是考虑到电商环境的瞬息万变和不稳定性。这种化整为零的经营策略可以降低经营风险，提高管理的灵活性和机动性。对互联网经济而言，求“小”才是正确的生存之道。实际上，这种逆向思维的经营方式正是源自于马云脚踏实地的互联网梦想。

梦想伟大是好事，但也要考虑到自身的实际情况。做事最忌讳急功近利、好大喜功。为了避免因“超前发展”陷入各种危机与隐患，必须脚踏实地，坚持“有多大能耐做多大事”的原则。

有大格局的人既能仰望星空，畅想未来，也能日复一日地认真做事，踏实走好每一步。这样的人不会迷失方向，也能拥抱未来，会有更大的作为。

心有多大，舞台就有多大

我们做淘宝网的时候，有投资者说，“如果你们能够成功，就把名字倒过来写”。我始终相信，自己能够成功。

人生是一个舞台，每个人都是舞台上的角色。你的舞台有多大，被多少人接受，完全取决于你的理想和目标有多大。

有了宏伟的目标，你就会朝着那个方向不断努力、不断进步，那么你的观众会越来越多，你的舞台也会越来越大。所以，如果想有所作为就应该为自己树立远大的目标，并向着这个目标不断前进，从而不断地接近梦想，最终获得成功。

马云一向有着清晰而明确的目标，并且朝着这个目标不断前进，很少受到外在因素的干扰。许多时候，他甚至为了追求理想放弃了高薪工作，从零开始。

2004 年，1000 多名网商聚集到西子湖畔，召开了第一届网商大会。马云告诉大家，B2B 模式将改变全球几千万商人做生意的模式，进而影响到全球几十亿人的生活。近乎“疯狂”的马云时刻坚持着梦想，阿里巴巴连续 5 年被美国《福布斯》杂志评为全球最佳 B2B 站点之一，多次成为全球最受欢迎的 B2B 网站、中国商务类优秀网站等。

2005 年 8 月，在北京的中国大饭店，英国首相布莱尔正在吃早餐，陪同他的不是政府官员，而是 9 位企业家。当时，坐在布莱尔身边的正是马云。两个人很早就认识了，并且有着共同的看法，那就是互联网改变了中国。

英国对马云十分友好，是第一个给马云 5 年多次往返签证的国家。布莱尔对马云赞赏有加，他说：“阿里巴巴在英国很有名，它正在改变全世界做生意的方式。”这正是马云的梦想。他曾多次提到要改变整个世界，那些不了解他的人一定认为这是疯子的话，但是马云用自己的实际行动告诉大家“我能做到”。

多年来，中国产品一直以物美价廉闻名于世。作为世界上最重要的产品供应地之一，“中国制造”正在风靡全球。然而，许多中小企业却因此备受困扰，如何让自己的商品远销海外或者被外商看到，成为一个关键问题。

显然，阿里巴巴的出现就是为了解决这个问题。阿里巴巴的中国供应商项目主要针对出口型企业，依托网上的贸易社区，向国际上通过网络寻找供应商的客商推荐中国出口供应商，从而帮助这些企业获得国际订单。据统计，中国供应商项目让全球220个国家超过680万专业买家浏览企业信息。

中国供应商项目主要包括三类：一是帮助客户展示商品和企业；二是搜集客户的产品，并由阿里巴巴统一带到各种国际会展参展；三是对基本的应对外商的礼仪和相关知识进行协助辅导。从这三方面观察，可以清楚地知道该项目对中小企业的帮助是多么巨大。

可以说，马云做了一件“伟大”的事情，他将国内的中小企业带到了世界舞台，让它们在全球尽情展示自己。马云这个计划将中国的中小企业化整为零，然后又化零为整，完美地解决了中小企业的信息困境，圆了中小企业走向世界的梦想。

马云不仅帮助出口型企业，同时还创造了一个新的互联网营销模式，让更多的人加入到追寻财富的行列。他投入大笔资金，给所有人提供免费交易的平台———阿里巴巴和淘宝网。考虑到信用问题，马云免费向大家提供支付宝服务。所有这些，无疑为有志于从事互联网贸易和网络创业的人提供了一个新天地。此时，生意人已经充分认识到了B2B和C2C的魅力，而普通人也在C2C网站上流连忘返。

在创业过程中，马云不断地提高自己的目标，并且一个又一个地实现了，直到将阿里巴巴送到美国纽约，送上全球瞩目的舞台。梦想远大，目标切实可行，人生舞台就足够宽广。

美国哲学家伯纳德·马拉默德说过：“一个人如果认为自己在一生中能干一番不同寻常的大事，就比没有远大理想的可怜虫有更多的成功机会。”马云常常告诫伙伴，做事首先要坚持自己的梦想，时刻想着自己的初心，从而在行动中有更大作为。

心有多大，舞台就有多大。许多时候，人生需要的不仅仅是努力，还要有大格局。识大体、布大局的人赢得先机，未雨绸缪，虽然一路布满荆棘，但是离成功越来越近。

第02章　马云谈定位

不是因为能做什么，而是该做什么

你想成为什么，你便会成为什么。一个人取得怎样的成就，与自我定位有密切关系。马云说，站位比努力更重要。当你选对了方向、站对了立场，所有努力才会取得事半功倍的效果。

想清楚自己到底做什么

第一次创业的时候，你想做什么，到底要做什么？不要受外界影响，你要确定今天就是做这个事情。

做事要精而专，不能博而泛，这样才能在社会竞争之中保持立足之地。如果没有方向而四处张望，最后会一无所获。显然，一个人没有明确而具体的奋斗目标，那么终究一事无成。在任何时候，伟大的人都全力以赴、锲而不舍。他们认准了一个目标，一锤一锤地敲打同一个地方，直到实现自己的理想。

1999 年，有关互联网的各种新生概念层出不穷，遍布了整个互联网，那一年也是国内互联网飞速发展，各大公司和投资商疯狂进入的时候。当时，大部分人的注意力都集中在几个大的门户网站上。马云不受互联网各种流言的干扰，依然坚守着 B2B 模式。

阿里巴巴创建于那个风起云涌、淘金热潮高涨的年代，但是直到 1999 年 10 月份之前，它一直没有盈利，不仅比不上其他互联网公司，甚至一度面临着弹尽粮绝的危险处境。现在很多人看到这段历史，都会问马云 1999 年在做什么，阿里巴巴在做什么。那一年，马云和他的创业团队商量之后决定“闭门造车”，6 个月之内不主动地对外宣传，也不受外界的影响，专心致志地把网站做好。

虽然当时外界对马云充满了质疑，但是他并没有理会，只在乎自己怎么做，只关心阿里巴巴的 B2B。那段日子，马云的想法是“不研究对手，不模仿对手，只管走自己的路”。

当互联网寒冬到来之时，马云依然没有动摇；在诸多投资商纷纷退出互联网市场的时候，马云一如既往地选择了坚持阿里巴巴的 B2B 模式。

最终，阿里巴巴熬过了互联网的冬天，也成功地扭亏为盈。

2001年，阿里巴巴的股东孙正义召开了一次投资管理会议，让所投公司的负责人用5分钟的时间总结公司现状。当马云陈述结束之后，孙正义说了一句话："马云，你是唯一一个3年前对我说什么，现在还是对我说什么的人。"

早在1999年，马云就认定中国加入WTO是迟早的事，这也意味着中国企业到国外开展业务指日可待。所以，马云的第一个构思就是通过互联网帮助中国企业出口，帮助国外企业进入中国。

推动中国经济高速发展的是中小企业和民营经济，帮助中小企业走出国门，走向国际市场，是马云最早的构想。在经过了几年的互联网风潮之后，这个构想不仅没有动摇，反而更加坚定了。可以说，这个构想成为马云决定要"专心"做的唯一一件事，这也是阿里巴巴能走到今天，并越走越坚定的关键所在。

2002年结束的时候，互联网行业开始回暖，不仅阿里巴巴实现盈利，各大门户网站恢复正常，而且新涌现出了很多有前景和投资价值的新项目。当时，阿里巴巴经过几年运营，拥有了众多注册用户，在开拓新领域方面比其他互联网公司更有优势。但是，马云没有在其他业务上分散精力，虽然舍弃了一小部分利润，然而换来的是一个庞大的电子商务市场，并牢牢占据着领头羊的位置。

无论个人还是企业，都要专注于自己的优势领域，提高专业知识和行业技能并坚持到底。一个人的精力是有限的，一个企业能够利用的资源也是有限的，只有想清楚自己到底做什么，并专心致志做好分内之事，才能建立自己的竞争优势，成为业界翘楚。

在科技高速发展的时代，成功者都是那些在自己的领域无所不知，对自己的目标坚定不移，做事精益求精的人。就像工厂中的流水线，每个工人都必须对自己的职责了如指掌，才能保证整个系统正常运转。

如果对自己将来的生活没有准确的定位，那么所有付出与努力就不可能与客观环境很好地结合在一起，也不能为事业的发展提供有利的条件。如果一个人集中所有的精力投注于一件事，那么他失败的几率几乎为零。就像把阳光聚焦在一点，在冬天也能燃起一团火焰。

不同的人对成功的定义不同，会给自己有不同的定位，并决定未来的人生道路。如果你长时间努力工作，却没有准确的定位，那么一切努力都是徒劳的。一个人是否成功，不在于他做了多少工作，而在于他做了什么工作。有大格局的人知道自己该做什么，对自己有清晰的定位，因此更容易成就非凡的人生。

男人的容貌往往与才华成反比

一个人的容貌与才华往往成反比。

在生活中，学会正确评价自己并不容易。有的人对自己评价过高，甚至目空一切，这类人是典型的自负者。而有的人习惯于把自己的缺点放大，把自己的优点缩小，进而陷入自卑，找不到自我存在的意义。

有一次参加《赢在中国》节目，一个年轻人当面问马云："您是否因为自己的长相而感到自卑。"当时，马云给出了一个让所有人开怀大笑又不得不佩服的答案，他说："男人的智慧与容貌往往是成反比的。"有人说马云反应机敏，这其实是充满自信的表现。

除了这个年轻人，所有了解马云经历的人都有过类似的疑问。马云长得像外星人，数学考 1 分，可见智商也很一般，甚至创业的时候对互联网一窍不通。按照常理，这样一个人应该内心自卑，低着头活在世界上。然而，马云并不是人们想象的那样，他不但摆脱了自卑，反而信心十足地开创了一番事业。

谁都不可能一生下来就是完美的。马云长得的确不好看，智商也不是很高，可是他有很多其他优点，比如幽默、仗义和远见。这些优点足以让他昂起头，自信做人。当然，最重要的是马云始终对自己有清晰的定位，不会为了无足轻重的事情患得患失。

人生有许多事情是无法选择的，比如容貌、家庭。一个成熟的人勇敢接纳自我，不会因为过分追求完美浪费宝贵的时间和精力，他们瞄准人生更长远的目标积极行动，清楚自己下一步该做什么。他们充满自信地做事，一步步接近目标，令人刮目相看。毫无疑问，马云就是这样的人。

在人生不同阶段，每个人都会面临很多抉择和机会。最重要的是，你必须想清楚自己究竟要干什么、该干什么，然后再思考“我能干多久”“我想干多久”。如果没有明确的目标，再多的筹划也会让你一团乱麻。

阿里巴巴收购雅虎中国的时候，马云对后者进行了一系列整合，将其重点业务放到搜索领域。随后，他又开始问自己，难道要将雅虎中国打造成 Google、百度一样的搜索门户吗？答案显然是否定的。

马云静下心来仔细地思考，阿里巴巴的定位是做电子商务，为什么不返回到电子商务的轨道上？“不需要做得很快，但必须做得很好，必须对中国的网民和电子商务真正有用。”定位明确之后，马云立即执行，几年后终于打造出中国最大的电子商务网站。

人生还有比容貌、出身更重要的事情，那就是通过努力奋斗实现自我价值。在璀璨的年华里，不为琐碎的事情劳心劳神，明确发展目标，做自己该做的事情，你就是最有魅力的人。与其自怨自艾，不如立即行动，增长自己的才华，实践自己的梦想。

其实，人和人之间没有可比性。每个人生下来都有自己独特的体貌特征，而且后天接受教育和社会经历都不一样，所以大家都是独一无二的。然而生活在群体中，人们会不由自主地与周围的人比较，比长相、金钱、地位等等。显然，如果拿自己的短处和别人的长处相比，很容易导致心理失衡，引发焦虑情绪，影响正常的工作和生活。

其实，许多时候与人攀比是毫无意义的，这样做只会扰乱自己的心性，失去分寸感，成为情绪的奴隶。而如果把有限的精力放在如何提升自我、改变自我上面，相信一定会取得令人惊喜的成就。

有大格局的人不会在毫无意义的小事上斤斤计较、患得患失，他们给自己清晰的定位，明确当下应该做什么，未来的方向在哪里。这种着眼全局的能力让他们化劣势为优势，始终站在时代发展的潮头。

40岁以前请学会专注

我的建议是在40岁以前学会专注，这个世界不是因为你能做什么，而是你该做什么。如果你把所有的精力和资金都放到一个项目，我相信你会做得很好。李嘉诚讲过，他的多元化经营一定等到有一两个稳定赚钱时，才进行第三个。

创业者投身一个行业，第一目标肯定是将企业做大做强。实现这一目标，有两种途径：一是走专业化的单一路线，就像微软、诺基亚一样，一门心思发展核心业务，从而实现点的突破，进而形成面的升华；二是走多元化路线，多点开花，齐头并进，像三星、苹果、海尔等那样。然而，多元化经营考验一个企业同时在多个领域进行战略部署的能力，这不是常人都能具备的。

中国很多企业都在尝试多元化发展，如果没有把原有的行业做好，这样做势必冒着很大风险。一旦出现杂乱无章、无利可图的局面，最终只能灭亡。是否尝试多元化，的确考验经营者的智慧。

1999年，被马云称为“无中生有”的一年。这一年2月21日，他联合18名团队成员，在家中召开创业动员大会，开启了阿里巴巴扬帆起航的序幕。到了年底，阿里巴巴的会员数量已经达到了8万，这激励着大家持续奋进。

第二年，阿里巴巴继续快速发展。除了积极进行国内市场的部署，马云还加紧海外宣传，扩大公司在全球的影响力。到了2000年12月，阿里巴巴的会员数量激增到46万。2001年，阿里巴巴推出了一款叫做“诚信通”的产品，会员人数在年底达到100万，成为行业第一。

为了提供更加优质和专业的服务，阿里巴巴在2002年3月10日改变了全部免费的策略，通过“诚信通”进行全面收费——阿里巴巴的会员必须购买每年2000元的产品。与此同时，阿里巴巴还对会员进行筛选，将那些信誉不良、没有能力继续做生意的会员进行裁撤。由此，阿里巴巴的注册会员成功转变为阿里巴巴的用户。

会员人数的减少，方便了信息管理，和免费时代相比减少了服务的成本，而且增加了收入。阿里巴巴间接地从电子商务信息流赚钱的阶段过渡到了资金流的阶段，并为过渡到物流阶段打好了基础。

马云在2002年的目标是，宁可让阿里巴巴注册会员数量减少2/3，也要把这个政策推广下去，让诚信的商人先富起来。而且，前3年烧掉的钱，今年一定要一分不差地赚回来，而且要多盈利1元，这就是马云的“盈利1元钱”的目标。这个目标的象征意义大于实际意义，激励了团队，证明了阿里巴巴已经开始从亏损走向盈利，并一步步发展壮大。

随后，阿里巴巴在马云的带领下再接再厉，继续推出“中国供应商”这一服务项目。此后，阿里巴巴的会员分为两种，一种是中国供应商的会员，另一种是诚信通的会员。

“中国供应商”服务主要面对出口型企业，依托网上贸易社区，向国际上通过电子商务进行采购的客商推荐中国的出口供应商，从而帮助后者获得国际订单。当时，中国供应商的会员费是6万～8万元/年。

“诚信通”主要针对国内贸易，通过向注册会员出示第三方对其评估，以及在阿里巴巴的交易诚信记录，帮助“诚信通”会员获得采购方的信任。

阿里巴巴进入赢利时代，马云这样描述道：“2002年，阿里巴巴要赢利1元；2003年，要赢利1亿人民币；2004年，每天利润100万；而2005年，每天纳税100万。”总之，阿里巴巴在B2B业务上赚钱之后，马云才开始用这些利润养更多的孩子；淘宝、支付宝、阿里软件等都是拳头产品盈利之后，才陆续推出。

马云对公司发展有清晰的定位，那就是必须在做好第一个项目之后，在保证市场竞争力和市场优势的前提下，再做第二个项目。如果一开始就进行多元化经营，对整个公司来说会带来灾难性的后果。

无论办企业，还是日常工作，都应该先把眼前的事情做好。很多人总是幻想一些所谓的远大目标，而对眼前的工作和岗位看得过于简单，没有集中全部精力去干，最后导致无功而返。这其实是吃了不专注、不专业的亏。

专注的人更容易成功，这是显而易见的。人的精力是有限的，将有限的精力分散到各处与集中精力于一处，产生的效果自然不同。

拥有一种专业技能，要比有十种心思更有价值。有专业技能的人随时随地都在专业方面下苦功、求进步，设法弥补自己的缺陷和弱点，力求把事情做得尽善尽美。而有十种心思的人疲于应付，找不到聚焦点，因为精力分散而浅尝辄止，结果大多一事无成。

有大格局的人在任何行业都能专注地做事，他们会累积更多的经验和智慧，也会比常人做得更好。这些人大多是业内精英，引领着行业的发展方向。

让市场告诉你如何做出选择

成功者至少需要兼备两种品质：一是执著大胆的性格，二是对市场准确敏锐的嗅觉。

市场在不断地变化，信息在不断地更新。一种产品昨天可能还是客户的座上宾，今天便可能成为被奚落的对象。深耕一个行业，必须紧盯市场，及时了解消费者的需求，从而及时调整企业的经营方向和产品结构，在竞争中立于不败之地。

马云对市场的认识超越了大多数企业家，他清楚自己该做什么，不该做什么，并始终成为引领者。在他看来，市场是企业角逐的舞台，只有在市场的搏击中生存下来，企业才能基业常青。

最初创立阿里巴巴的时候，马云对电脑和互联网一窍不通，而且家人和朋友都反对他投资这个行业。但是，马云以独到的眼光，看到了市场对互联网的需求；他还断言，不久的将来将会是互联网的时代。于是，他力排众议，果断出击。

后来，阿里巴巴的发展证明了马云的决定是正确的。当一些朋友称赞他如何精明时，马云总是笑着说："不是我精明，是市场告诉我要这么做。"

阿里巴巴有一个年轻的客户小李，大学毕业后走上了创业之路。因为有医学专业背景，所以他向父母和朋友借钱开了一家医药公司，从事药品的研究工作。凭借出色的技术和艰辛的付出，小李所在的公司成了省级研发中心，并具有多个获得专利保护的产品。

虽然技术过硬、产品优秀，但是小李的公司连年亏损。他有些想不通："自主创新是我们企业的特色，而且有那么多省级和国家级专利，怎么会亏损呢？"为此，他在阿里巴巴云计划的平台上向马云提出了疑问。

当时，马云问小李："你们的销售人员都是专业人员吗？"小李如实回答："销售是企业比较薄弱的环节，但是如果建立自己的销售队伍，还要花费大量的人力和物力。"他表示，自己实在没有这个能力来应对。

马云语重心长地说："做企业，无论是哪个行业，都必须紧盯市场，切勿将企业办成了研究室。没有专业的销售队伍，不知道市场需求是什么，即使你研究出来的药品功效很大，也卖不出去。"

对于小李的公司，马云认为它更像一个研究所，重研发而不重市场需求。市场开拓情况如何，有多少客户，小李一无所知。随后，马云给小李提了几条建议，提醒他及时掌握市场信息，密切关注市场变化并发现市场需求。

研究消费需求和变化，是公司进行市场定位的基础。少了这个步骤，所有努力都会白费。马云甚至建议淘宝网上的开店者，创办新店的第一步就是搞好市场分析，识别并了解自己与其他同业者遇到的情况，深入对照总体市场情况，找出自身独特的优势，在细分市场上大显身手。

很多创业者都在抱怨很难发现市场需求，而在马云眼里，做好这一点很容易。只要紧盯市场，就不愁没有客户。“市场是个宝，全靠自己找”，只要肯下工夫，肯跟在市场屁股后面跑，钱早晚会乖乖地流入你的口袋。

商场就是不见硝烟的战场，商战就是不动刀枪的战争。你先抢一步，占尽先机，得到的便是金子；如果步人后尘，东施效颦，得到的大多是垃圾。对创业者来说，无论进入哪个行业，都必须紧盯市场，先下手为强。

大自然有自己的发展态势，人的成长与发展也有内在的情势可循。具体来说，一个人的成功，离不开他所处形势的帮助。有大格局的人懂得顺应时代发展潮流，让自己的发展方向与周围的环境相适应，从而自然而然地获得有益的资源，掌握有利的局面。

做自己热爱的事情

我想回归教育，做我热爱的事情会让我无比兴奋和幸福。

人生有高潮，也有低潮，有秋收的季节，也有冬藏的时节。到达辉煌的顶点以后，急流勇退显然是一种大智慧。遇事多一些冷静、理性思考的时间，一定可以拥有更开阔的心境，可以做出更加睿智的决策。

2018年9月10日，这一天是教师节。上午9点10分，马云发了一封“教师节快乐”的公开信，宣布将在一年之后不再担任阿里巴巴董事局主席，到时候由现任CEO张勇接任董事局主席一职。

马云希望一年后再次重回讲台，做一个老师。“自己最后还是会回到老师这一行，我做老师能得心应手，而且也是性格决定的，我对很多东西充满好奇和想象。”

众所周知，早在1984年，马云就考上了杭州师范学院外语系。毕业后，他被分配到了杭州电子工业学院，成为一名英语老师。1995年初，马云去了一趟美国，在那里见识到了刚刚萌芽的互联网。回国后，他提交了辞呈，随后踏上了波澜壮阔的创业之路。

后来的故事大家都知道了，马云创立了阿里巴巴，2017年市值超过4000亿美元，相当于两个杭州的GDP。当然，这一切并非马云一人所为。在阿里巴巴快速发展的过程中，马云的作用就像30年前一样，还是靠“教育”。

无论是早期的企业黄页，还是后来的淘宝、天猫、支付宝、阿里云等，他都是一名布道者，通过一场场演讲、会议、论坛布道电子商务。

经过多年引导、宣传，马云早就完成了全民的电商教育、网络支付教育。而在阿里团队，“良将如潮”绝对不是一句大话。80后的天猫技术负责人吴泽明、蚂蚁金服副CTO胡喜，85后的淘宝网总裁蒋凡……一个个行业精英的加入，让阿里巴巴持续快速发展获得了人才支持。这一切，当然离不开马云深谋远虑的布局，就像以前当老师一样，一届一届地培养学生，最终让他们成为独当一面的干将。

显然，马云是一个有大格局的人，知道自己应该做什么，他数十年如一日地开发、培养人才，让阿里巴巴的传承得以有序进行。正是因为很早就逐步放手让“年轻人”们去做了，所以今天马云宣布一年后卸任阿里巴巴董事局主席，才显得水到渠成。

有人说，将来让现任CEO张勇接任董事局主席一职，是“职业经理人上位”。其实，这是严重的误解。张勇是阿里巴巴的合伙人，又是内部创业者，带着阿里完成了从PC到移动的转型，能力超群。换句话说，这次传承不过是把阿里从最早的创业者交到后来的创业者手里罢了。

从阿里内部来讲，自从2010年试行合伙人制度，交接班其实已经迈出了关键一步。而宣布交接班之后，马云仍频频出现在各大国际场合，与很多其他国家的领导人会面、洽谈合作，似乎做起了阿里的外交工作。这或许正是马云的聪明之处。

对于未来的人生规划，马云坦承："英语老师的身份让我更喜欢到全世界做分享，爱演讲是自己的职业病，很想念教书的日子，做老师肯定要比做阿里巴巴董事长成功。"

1988 年夏天，马云心有不甘地当了英语老师，并试图摆脱命运的安排。那时候他恐怕不会想到，30 年后功成名就之际，会选择与年轻时候的自己和解，再次做回了老师。"事了拂衣去，深藏功与名"，不是每个人都能达到这种境界，马云可以放心离去，做自己热爱的事情，因为"学生"们已经可以撑起阿里的天空了。

已经到达了人生高峰，眼前的位置已经没有留恋的必要，不妨果断选择退场。当然，这样做会失去原来的繁华、荣耀和掌声，那种孤寂之感无法避免。然而，没有一个人可以永远停留在高峰，花开花谢才是生命的规律。

做任何事都要遵从应有的逻辑，在奋进努力的道路上既要懂得前进，还要学会止步与后退。懂得功成身退，顺应形势而为，其实是一种大智慧。

第03章　马云谈成长

男人的胸怀是靠委屈撑大的

人生舞台有欢笑，也有泪水，每个人都要在起起落落中学会成长。男人的胸怀是靠委屈撑大的。不经历委屈，你不会珍惜来之不易的胜利；受不了委屈，你会容易让人太早祭奠和悼念。

准备接受“最倒霉的事情”

我把所有倒霉的事情当快乐去体会，所以出现任何麻烦的时候，都当做练功的机会，看自己能不能挺过去。如果到了真的挺不过去的那一刻，我就睡一觉，第二天早上又是新的一天。

人的一生中会遇到各种各样的苦难，最倒霉的事情也不止面对一次。换个角度看，这些苦难也是一种财富。火石不经过摩擦不会迸发出火花，人若不遭遇苦难，生命之火就不会如此灿烂。

不曾跌倒的人怎会知道跌倒的滋味呢？不知跌倒的滋味，怎会知道跌倒时该如何爬起来呢？有大格局的人直面苦难，勇于接受“最倒霉的事情”，经过岁月无情的砥砺焕发出神奇的力量。

1999年2月21日，杭州湖畔花园的家里，马云身边围绕着妻子、同事、学生、朋友。这个身材弱小的人正群情激昂地游说同伴们。突然，他掏出身上的钱往桌上一放，“启动资金必须是闲钱，不许向家人、朋友借钱，因为失败的可能性极大。我们必须准备好接受‘最倒霉的事情’。”

显然，马云很清楚，做任何事情绝不可能一帆风顺。当“倒霉的事情”摆在眼前时，唯有与命运进行不懈的抗争，才有希望看见智慧女神高擎着的橄榄枝。年轻的时候，一系列际遇证明了马云是一个倒霉蛋，数次创业失败，数次被竞争对手攻击得体无完肤，数次在互联网的浪潮中苦苦坚守。令人吃惊的是，他从未给自己贴上“倒霉”的标签。

在创业最困难的时刻，马云对伙伴说过这样一段话：“黑暗之中一起摸索，一起喊，我喊叫着往前冲的时候，你们都不会慌了。你们拿着大刀，一直往前冲，十几个人往前冲，有什么好慌的？”

的确，在每一个“倒霉”的关口，马云都是站在风口的那个人。作为阿里巴巴的掌舵者，他的责任之一就是带领着阿里人接受最倒霉的事情，并从这些阴影中走出去，还阿里巴巴一片最晴朗的天空。

在风平浪静的时候，显不出驾驶航船的船长是否训练有素，这个船长是否富有经验，是否有应对风险的能力。只有在狂风暴雨、波涛汹涌、船将颠覆、人人惊恐的时刻，才能看出船长的水平高低。马云正是这样一位船长，在阿里巴巴这艘航母遭遇漩涡时，显露出令人惊叹的机智和勇敢。

马云喜欢看金庸的武侠小说，这一点从阿里巴巴的企业文化中也可以略知一二。从金庸的武侠人物身上，马云得出结论：一个人想练成绝世武功，必须历尽千辛万苦。早年推销中国黄页、电子商务业务的时候，马云被误解、被质疑无数次。当时，他可能不止一次想到《笑傲江湖》中的令狐冲，也多次想象渡过难关之后的自己站在了“光明顶”上，否则也不会有阿里巴巴命的“光明顶”办公室了。

那些遇难而退者，在遇到逆境或碰到倒霉之事时，往往怨天尤人，因为经受不了打击而选择放弃、推诿或依赖别人。他们是逆商最低的一群人，永远不会取得马云那样的辉煌战绩，也错失了成长中最美丽的景色。

有大格局的人懂得与痛苦搏击，激发出自身无穷的潜力，锻炼个人的胆识，磨炼出顽强的意志。当然，遇到倒霉的事情可能会使你倍感孤单、无奈，但是经历过之后，你就会明白：正是遭遇的痛苦给了你人格上的成熟和伟岸，给了你面对一切无所畏惧的能力。

有多大胸怀，就有多大成就

男人的胸怀是委屈撑大的，多一点委屈，少一些脾气，你会更快乐。有多大的胸怀，就有多大的成就。

在马云看来，任何伟大都是熬出来的。一个人不经历委屈，便不会珍惜来之不易的胜利；一个人受不了委屈，会容易让人太早祭奠和悼念。换句话说，一个人承受的委屈越多越大，他抗风险、受打击的意志就越强，越不会轻易被困难吓倒，更不会被一时的成功冲昏头脑。在成长过程中，委屈无处无在，马云对此从来都是淡然处之。

因为相貌原因，年轻的马云永远失去了进入酒店行业和做警察的机会。在多次求职被拒之后，他干脆找了一份零工，买了一辆三轮车送杂志。在央视纪录片《书生马云》里，瘦小的马云梳着小分头，背着一个黑色单肩包，敲开了一个个房间的门，进入房间的第一句话便是："我是来推销中国黄页的。"一脸迷茫而又不耐烦的人们将他"请"出门外。当时，一个编导甚至对记者说："这人不像好人！"

做"中国黄页"时，需要把国内单位的资料放到互联网上，让外国人通过网络找到需要的东西。当时，互联网在国内几乎是空白，看不到摸不着，属于"信则有，不信则无"的新鲜事物。马云的创业团队在收到国内客户资料后，迅速把它翻译成英文，然后快递给美国合作方做成网页。为了让国内的单位能为看不到的东西而付钱，马云和创业团队不但要证明客户资料已经上网，还要向客户证明世界上的确有互联网这种东西。

马云毕业于师范英语专业，根本不懂技术，唯一能做的是不停地解释。每天出门，他都会对人讲互联网多么神奇，甚至在大排档和不同的人神侃瞎吹。如果有人不相信，他便会把介绍客户资料的网页打印出来；如果对方还不相信，他便请那人打免费越洋电话，问在美国的亲戚朋友，让美国人帮忙上网查证。

虽然频繁吃闭门羹、遭白眼，但是马云没有对互联网丧失信心，反而对阿里巴巴的事业发展越发充满信心。

1995 年，互联网终于在上海登陆，于是"中国黄页"团队又向客户提供了一个额外服务——长途电话到上海再接入互联网。3 个半小时后，焦躁不安的马云终于看到互联网上的照片，然后才委屈地落下了眼泪。

虽然马云在上海证明了自己的互联网之说是实实在在存在的，但在很多没有互联网的城市，他依然被称为“骗子”。面对这些委屈，马云选择了承受，并且也只能选择承受，否则只能放弃梦想。

阿里巴巴创立之初，马云和员工到企业上门推销业务，被狗追、被保安赶依旧是家常便饭。2011年，支付宝被“偷”成了当年的重大新闻。事情源于雅虎对外披露的一则消息称，阿里巴巴集团旗下支付宝已经剥离出去。消息一出，立即引发了各界的关注。马云成了众矢之的，各方人士纷纷指责马云只顾私利而强行转让支付宝到自己名下。

这一年，马云遭受的委屈数不胜数，但是他依然选择了默默承受。因为他相信，清者自清，浊者自浊。随着事件真相的逐步明朗，人们终于发现，所谓的“偷”并不成立，支付宝的转让符合央行的规定，并可持续支撑淘宝等业务的发展需求。此外，管理层就转让一事已经多次在董事会内进行讨论，各方均知情，股东们就支付宝转让后的补偿协商也是透明展开的。最终，马云在支付宝占的股份跟在阿里巴巴集团一样，都是不到8%，这一铁定的事实彻底粉碎了他强取豪夺支付宝的传闻。

一个人从成长、成熟到成功，是一个不断提升的过程，是一个不断自我淘汰的过程，更是一个不断从优秀走向卓越的过程。如果想让自己越来越优秀，就要像马云那样承受各种委屈，始终感到自己的不足。可以说，这就是成长的代价。

当委屈到来时，请学会一笑置之，以超然的心态待之；只有这样，才能变劣势为优势，在历经风雨中成长、壮大。成功是委屈成就的，一个人越成功，遭受的委屈也就越多。正如马云所说：“如果你没有成功，只能说明一点：你被委屈得不够。”正在人生路上奋力拼搏的你，要成为一个有大格局的人，不被委屈击倒，并感谢正在经受的委屈。

快速成长少不了纠错能力

因为我没有经验，犯了很多错误，很多本来可以做得更好的事情没有做好。

创业之初，马云给阿里巴巴制定的策略是迅速打出去，在海外抢占市场，为亚洲的中小企业、为出口企业打开海外市场。他的想法很简单，在海外互联网市场已成规模时，阿里巴巴需要做的是让自己的网站进入外国人的视线中，让他们天天点击，从而用这个平台把亚洲的企业带到欧洲和北美市场。

和马云预想的一样，阿里巴巴在第二年果然把摊子铺到了美国硅谷、韩国，并在伦敦、香港快速拓展业务。战线的急速拉长，使得马云突然觉得管理工作有些捉襟见肘，力不从心。当时，阿里“内部声音很杂”，最大的分歧就是公司的方向之争。

当大家各执一词，莫衷一是之时，马云反而没了主意，到底听谁的呢？未来该向哪个方面发展呢？阿里的员工来自 13 个国家，究竟该如何管理呢？马云为此彻夜不眠，忧心不已。

让阿里更为雪上加霜的是，马云将阿里巴巴的英文网站放到美国硅谷，而阿里巴巴网上交易需要的贸易人才却要从纽约、旧金山空降到硅谷上班，成本比预算的高出好几倍。时值纳斯达克风声鹤唳、草木皆兵，互联网公司纷纷倒闭，阿里巴巴的硅谷研究中心也不可避免地处于风雨飘摇之中。到了这个时候，再打下去已经没有力量了，假如不果断采取措施，阿里巴巴将会很快就地阵亡。

2000 年底，马云终于做出了一个自己都感到痛惜的决定，即宣布全球大裁员。同时，阿里巴巴进行了大规模的人事“调整”，撤消了欧洲和美国的办事处，甚至连上海、昆明、重庆、大连的办事处也无法幸免。那年的除夕之夜，香港的办事处也遭到了裁员。无论对马云还是对阿里巴巴，这都不是一个容易做出的决定，特别需要智慧和勇气。事后，马云曾说："当时做这个决定真的很痛苦！"

几个月后，美国纳斯达克股市即告崩盘。2001 年，门户网站新浪、搜狐和网易都遭受了重创。回想起当年的情景，马云仍然心有余悸，"幸运的是我提前了半年，否则自己的权力会彻底失控。"

向自己开刀，说来容易做来难。当我们在生活中发现错误之时，需要拿出大气魄、下定大决心向出现的问题开刀。当然，这些有待解决的错误不可避免会带来情感的痛苦，乃至局部利益或个人利益的调整。但我们必须明白，只有痛下决心向客观存在的痼疾顽症开刀，才能摆脱人生的困扰和羁绊，从根本上改正错误，向成功更进一步。

创立之初的阿里巴巴跑得实在太快了，也确实创造了奇迹。然而，由于技术平台存在缺陷，创立的前几年里，每当访问量剧增的时候，网站就会死机，再进去比登天还难。为此，马云决定停止所有正在开发的项目。期间，阿里巴巴还召开了一系列员工大会，马云每会必到。在会上，他帮助员工分析阿里巴巴创建一年半中所犯过的种种错误，并带领大家提出建议。

在某次大会中，马云曾检讨说："因为我没有经验，犯了很多错误，很多本来可以做得更好的事情没有做好。"马云认为，犯了错误是可以原谅的，阿里巴巴以后要想有更大的发展，还会犯更多的错误，但不能让人原谅的是，同样的错误犯了多次。

现在看来，马云在 2000 年底实施的"回到中国"收缩战略，的确是一个强硬果断的决策，它决不仅仅是阿里巴巴的自救之举，同时对其他互联网竞争对手也颇具杀伤力。对此，马云总结道："如果今天我们没有面对现实、勇于担当和刮骨疗伤的勇气，阿里将不再是阿里。"

有大格局的人不畏惧认错。他们敢于正视复杂的局面，承认自己的不足。一旦发现自己犯错，他们能够立即采取补救措施，将损失降到最低，重新走上正确的发展道路。承受委屈不算什么，能够在正确的道路上越走越远，是拥有大格局的表现。

以壮士断腕的勇气面对错误

如果今天我们没有面对现实、勇于担当和刮骨疗伤的勇气，阿里将不再是阿里，坚持 102 年的梦想和使命就成了一句空话和笑话。

唐代《述书赋》中有言："君子弃瑕以拔材，壮士断腕以全质。"后来，"壮士断腕"演化为成语，指勇士的手被毒蛇咬伤，就立即截断手腕，以免毒性扩散全身，不可迟疑姑息。如果割舍不了一只手，就会丧失生命。

"壮士断腕"昭示的是一种敢于向自己开刀的果敢气概，也阐明了为了全局而牺牲局部的睿智抉择。无疑，马云是一位拥有大格局的壮士，且有多次断腕之举。

2012 年 2 月，阿里巴巴集团旗下的子公司赴香港上市已经过去了 3 年零 4 个月。此时，阿里巴巴正面临着成立以来最严重的诚信危机。如何抉择？马云最终选择了壮士断腕，以高管引咎辞职的激烈方式化解了这次危机。

当年 2 月 21 日，阿里巴巴向外界发布公告称，经阿里巴巴内部调查发现，过去的 2 年时间里，共有 2326 名阿里巴巴网站的会员——"中国供应商"涉嫌欺诈国际买家。而在这场商业欺诈活动中，有近 100 名阿里巴巴的员工是合谋者，更让人意想不到的是，阿里巴巴首席执行官卫哲和首席运营官李旭晖负间接领导责任。为此，二人引咎辞职，同时阿里巴巴集团人力资源总监康明也被降级。

卫哲在群发 B2B 全体员工的邮件中曾说："我的辞职对公司内外一

定震动很大。”的确，自爆家丑连带高管辞职，在中国公司史上可谓前所未见。毫无疑问，马云希望此举能重塑公司的价值观，给公众展示一个诚信的阿里巴巴。

从心理学角度来讲，格局的构成元素是多元化的，尤其是在面对“抉择”时，是否有勇气面对未知，是否有担当承受即将到来的结果，能充分展示一个人的格局大小。一个人如果缺乏“正视”或“面对”自身错误的勇气，又何谈胸怀和气魄呢？

人非圣贤，孰能无过。犯错误并不可怕，只要能够认识到自己的错误并及时改正，就值得称赞。可怕的是，明知道自己错了，却因担心丢面子不承认，这样反而会招致别人的反感，也暴露了一个人格局太小。

人只有先认识到自己的错误，才能少犯错误。那么，当错误已经不可避免地发生时，应该怎样面对和处理呢？

首先，勇于承认错误，并承担因此造成的损失。

找理由推卸责任，耍心机把错误转嫁到他人身上，都是缺乏格局的做法。这样做不仅无法解决问题，反而会“犯众怒”，给大家留下不良印象。正确的做法是鼓足勇气承认自己的错误，认错并不会损害你的形象和地位，反而会因“负责任”的态度赢得大家的尊重和认可。

其次，接纳犯了错误的自己。

有些人是完美主义者，对自己要求太苛刻，一旦犯错就会背上沉重的心理负担，自责、悔恨像影子一样挥之不去。其实，犯错没有什么大不了，一定要学会接纳错误，接纳犯了错误的自己，用积极的态度面对问题、解决问题，而不是在犯错的压力下日渐抑郁。

最后，及时修正错误，早日回归正途。

犯错并不可怕，只要能及时停下脚步，迷途知返，错误反而会成为成功道路上的磨砺。有大格局的人不会惧怕犯错误，也不会耻于承认错误。在他们看来，改正错误也是一种能力，更是提升自己的一种途径。

错误的思想必然带来错误的行为，要改变行为上的错误，首先要解决思想上的错误。只有承认错误，并果断放弃错误的做法，才能吸取教训，接受新的思想，从而避免在同一个问题上重蹈覆辙。

伟大是“熬”出来的

永远不要跟别人比幸运，我从来没想过我比别人幸运。我也许比他们更有毅力，在最困难的时候，他们熬不住了，我可以多熬一秒钟、两秒钟。

是什么让一个人成功，让一支军队取得胜利呢？是一种精神，一种跌倒了又爬起来的精神。在失败和挫折的泪水里要用心思索下一步该如何走，只有不畏艰难，跌跌撞撞地迈过几个小坎后，你就不怕更大的坎坷了。

当年，马云曾经在北京创业，遭遇挫折后决定南下杭州东山再起。在离开北京前的最后一天，马云和同事们决定去长城疯狂一次。

那天晚上，天空下着大雪，在一个不知名的小饭店，大家尽情地吃喝，仿佛到了世界末日一般。喝到畅快处，众人竟一起抱头痛哭，唱起了《真心英雄》，随后一首接一首地唱着老歌，他们都回避着“离别”这个对他们来说太过沉重的词语。

在没有取得成功之前，熬得住才能迎接胜利的希望。那些有大格局的人，经受数十次、数百次乃至成千上万次跌倒而能矢志不移、不屈不挠。因为他们懂得，没有跌倒就不会有站立的机会，不遭遇挫折就不会有成功的机会。

在外界流传的关于阿里巴巴融资的只字片语中，提到最多的便是马云6分钟搞定孙正义的2000万美元和雅虎后来的10亿美元。看似多么轻而易举的事，其中更多的苦痛并不为人所知。

阿里巴巴成立初期，没有豪华的团队配置，也没有美国成功模式可供参考，与北京、上海、广州等地的同行相比，阿里巴巴就像是互联网行业的丑小鸭。有一次，阿里巴巴面临资金压力，最窘迫的是银行里只有 200 元钱，没人知道当时马云的内心有多么煎熬。在 2014 年纽约 IPO 路演会上，马云以一句玩笑话描述当年的窘境："15 年前我为融资 200 万美元来纽约，结果失败而归；15 年来我没放弃过，这次来纽约就是想多要点钱回去。"

人生在世，谁都不免被挫折绊倒。在马云看来，适度的挫折具有一定的积极意义，它可以驱走惰性，促使人奋发上进。挫折又是一种挑战和考验，英国哲学家培根曾这样说过："超越自然的奇迹多是在对逆境的征服中出现的。"跌倒了就努力爬起来，这个过程中便会出现成功的迹象。有大格局的人能忍失败，懂得在苦苦煎熬中迎接胜利的曙光。

在淘宝网创立之初，国内的 C2C 市场就已经有霸主 eBay。2003 年，eBay 和易趣合并，且市场份额达到了 90% 以上。无论是资金、技术、人才、市场占有率还是品牌上，eBay 是全面占优的。为了将淘宝消灭在萌芽状态，eBay 还放出豪言：淘宝只能存活 18 个月！

当时，淘宝网并没有多大的知名度，甚至可以说是全面落后，更惨的则是被 eBay 全面封堵。eBay 买下了搜索引擎中关于"淘宝"的关键词广告，当客户搜索淘宝时，搜索引擎便会出现"要淘宝，到易趣"的广告，此外 eBay 还在自己的主页上打出了"淘宝贝，开店铺，生活好享受"的宣传语。最让马云气愤的是，在淘宝的办公室对面，竖起了 eBay 的广告牌。

在 eBay 的全面封杀中，淘宝网只能投向中小网站。但是，这些中小网站出现淘宝的广告没几天，eBay 就会用两三倍的价格独家买断该网站所有关于在线交易的广告。淘宝在外界一次次的紧逼下摔得惨痛，甚至在外人看来已没有再爬起来的可能。

的确，这次打击对马云来说可谓不小，在强敌的逼迫下，走投无路的淘宝网只好将广告投放在公交车、电梯和地铁列车上。那个时候谁能想到，当时连爬起来都成问题的淘宝网会蜕变成全球访问量最大的电商网站呢?

马云的风光是在一次次跌倒再爬起来之后显现的，因为他知道，跌倒了虽然会承受一定的痛苦，但是当你发挥出内在潜力与挫折抗争的时候，那种心情是常人难以体会的。而当你在险峰领略到无限风光、在走过艰难的旅程到达目的地的时候，那种成就感与成功后的喜悦更是他人无法体会到的。

有大格局的人能从不幸中站起来，拥有宽阔的心境和优良的心理素质。富兰克林说："有耐心的人才能达到他所希望的目的。"任何事业都不会一帆风顺，通往成功的大道上会遇到许多"绊脚石"，输得起的人永远不会低头，永远笑到最后。

第04章　马云谈自律

创建高效行为习惯，成为理想的自己

亚里士多德说，人是被习惯塑造的，所有的优秀都来源于良好的行为习惯，并非一时的冲动。换句话说，所有优秀背后，都是苦行僧般的自律。

始终保持自我突破的自觉

我把繁荣称为夏天，夏天要少运动、多思考、多静养。繁荣延续那么长，意味着冬天很快就来了。所以，我特别担心现在的繁荣。在繁荣时期或者说在夏天，最重要的工作就是准备冬天的来临。

在人们的想象中，马云是一位好莱坞式的传奇人物，虽然有过许多次失败，但是终究大器晚成。事实上，马云可以过上小富即安的日子，享受自由自在的人生，但是他对自己有更高的要求，渴望在这个变革的时代有所成就。凭借这种自觉，他一次次出走，在不断超越中完成了人生进阶。

早年，马云离开中国黄页后再次北上，带着团队加入了外经贸部。在北京的生活三点一线，大家早出晚归，几乎见不到什么阳光。尽管生活和工作环境枯燥乏味，但是大家始终没有放弃，反而更加团结了。凭借踏实肯干的精神，整个团队很快就做出了成绩。

然而马云很快发现，在政府的编制里很难完全伸展拳脚，工作环境不够自由，许多想法无法实现。当时，中国的网络环境正在发生变化，马云意识到如果继续耗在外经贸部中国国际电子商务中心做网站，很可能会错过千载难逢的发展机会。经过一番挣扎和犹豫，马云打算再次离开北京，回到杭州。

随后，马云把自己的想法告诉大家，并分析去留的利弊，让他们自己决定去留问题。他说："我打算回杭州了，你们可以留在部里，留在北京，获得不错的收入。如果想跳槽，我也可以推荐你们去新浪、雅虎这些大公司。反正我决定回杭州了，你们如果想跟我回家二次创业，工资只有 500 元，办公地点就在我家，然后在附近租房子住。我给你们 3

天时间考虑。”

接着，大家进行了激烈的讨论。虽然众人不理解马云为什么会做出这样的决定，但经过慎重考虑，最终选择跟随马云回杭州。马云责任重大，背负着众人的未来与希望，做出这样的决策以后只能义无反顾地向前走。

在北京的那些日子，由于马云工作能力出色，不断收到各网站的高薪聘请，其中一些条件很有诱惑力，比如雅虎邀请马云担任雅虎中国的总经理，还有加盟新浪等。但是，马云始终不为所动，毫不犹豫地拒绝了那些看起来很牛的职位。

这个格局宽广的人并没有满足现有的成绩，在他的心中，应该努力种一棵更大的树，结出更美的花朵。毫无疑问，马云看到了充满无限希望的未来，并踌躇满志地期待有一番作为。当然，马云在看到机会的同时，没有忽视风险的存在。

不是每一个创业的年轻人都会成功，但是总会有人到达胜利的彼岸。马云曾经说过："我不是一个推崇成功学的人，不喜欢看成功学。我只看别人怎么失败，从别人的失败中反思什么事情不该做，也会从别人的成功里反思他为什么成功，并学习对方获取成功的精神。"

商场是没有硝烟的战场。对于想在商场上一展拳脚的年轻人来说，不能满足于眼前的成绩，要永远想在别人前头。如果没有这样的意识，等待我们的将是无尽的灾难。在这方面，马云给年轻人做了一个出色的表率：在互联网还不被大家熟识的时候，马云就提早进军这个行业；在电商发展出现瓶颈的时候，他开启了互联网的第四种模式，创建了淘宝。这种商业自觉多么可贵，也是当事人应有的格局思维。

满足于现有成绩，没有危机感，会陷入一种不思进取、不再进步的恶性循环，危机会悄然来临。如果马云没有放弃在北京优越的工作，满足于已有的成绩；如果马云因雅虎或新浪的高薪工作而放弃自己的理想，没有南下杭州，那么就不会有今日的马云，不会有今天的阿里巴巴。

在迈向成功的路上，你可以流汗、流泪，但决不能满足现状。否则，你会慢慢地失去斗志，失去理想，根本无法突破自我。在追寻梦想的路上，无论遭遇挫折还是已经取得不错的成绩，都应该把它们看作人生中最宝贵的经历。

有大格局的人不会因为眼前的成绩就沾沾自喜，无谓地耗在原地会让大好的机会擦肩而过，那才是人生最大的损失。不因为急于实现自己的目标而迷茫了方向，这样的人更容易美梦成真。

请学会对机会说“NO”

看见10只兔子，你到底抓哪一只？有些人一会儿抓这个兔子，一会儿抓那个兔子，最后可能一只也抓不住。机会太多，只能抓一个。我只能抓一只兔子，抓多了，什么都会丢掉。

马云很早就认识到，大多数人一辈子也许只能做一件事，世界上80%以上的成功企业都只做一个主业。毫无疑问，专注是马云的成功之道，其核心就是专心做好一件事，一切皆为既定目标服务。

互联网这个行业充满了诱惑，充满了变化，而且里面的机会更是让人目不暇接。但是马云并没有像其他人那样迷茫，他只选择了一个机会，就是做好电子商务，而且选择之后坚持一直做下去。这种高度自律精神是他成功的重要原因。

马云做电子商务之初，就确定了围绕中小企业的B2B模式，并以此作为阿里巴巴发展的基础。这种为商人与商人之间（B2B）实现电子商务而服务的模式，后来被硅谷和互联网风险投资者称为互联网的“第四种模式”，与全球著名的雅虎门户网站模式、亚马逊B2C模式和eBay的C2C模式并列。

马云说过这样一句话：“让别人跟着鲸鱼跑吧！”他把大企业比作“鲸

鱼”，把小企业比作“虾米”，而阿里巴巴就是专门为那些“虾米”服务的。马云之所以把阿里巴巴的服务方向定位为中小企业，是因为亚洲是最大的出口基地。阿里巴巴以出口为目标，致力于帮助中国企业尤其是中小企业做好出口服务。

国外的 B2B 以大企业为主，大企业是“鲸鱼”，有资金、人力、技术方面的优势。很多欧美公司来到中国之后，他们的目标都是中国的“鲸鱼”。但是中国的“鲸鱼”数量太少，而且贸易流程不一样，信息化程度低。所以马云决定，阿里巴巴的电子商务要为中小企业服务。

可以说，这种以服务中小企业为主的模式是阿里巴巴独创的模式，马云不愿意模仿那些已经成熟的企业的做法。当初，马云凭借“抓兔子”理论锁定了电子商务 B2B 模式，实现了“让天下没有难做的生意”这一目标；而“鲸鱼虾米”之说则是具体的实施策略和方法，这就是专门做针对中小企业的电子商务。

马云预测，网络的普及意味着大公司的垄断模式和优势地位岌岌可危，在网络愈发先进的时代，一个公司想进入其他国家的市场或者进入不同的领域，并不需要耗费太多的资金和精力。凭借互联网的迅捷和普及度，凭借大量信息的交流，中小企业可以获得在工业时代拥有雄厚资本才能得到的商机。

显然，马云的分析是正确的。中国巨大的市场是其他国家无法比拟的，中国需要世界，同时世界更需要中国。加入世贸组织之后，中国得益于劳动密集型产业的发展，一举成为世界的工厂。一时间，从中国制造的产品销遍世界各地。

在中国经济高速发展的背景下，中小企业凭借灵活经营实现了以量取胜，获得了巨大利润。每年，阿里巴巴的中小企业续签率能达到 75% 这样一个极高的数字，而中小企业正常状态下倒闭的比率高达 15%。中小企业有能力和阿里巴巴续签，不管盈利多少，至少证明它们在市场中存活了下来。

2002年，从国际互联网泡沫中恢复的中国互联网行业开始回暖，存活下来的阿里巴巴境况好转并开始盈利。早在2001年底，阿里巴巴开始转亏为盈的时候，就有公司高层认为阿里巴巴拥有了足够的客户和足够的资金，可以寻找一个全新的市场、一个新的领域。甚至有的高管发现了全国房价上涨的苗头，提议进入房地产行业。

这时候，2002年1月在纳斯达克上市的网易成功复牌，笼罩在其身上的财务阴霾一扫而光。丁磊带领团队找到了新的盈利模式——手机短信＋网络游戏。这无疑给了阿里巴巴高层一个很好而且具有借鉴意义的榜样。网易的成功，激励了其他互联网公司，也包括阿里巴巴的高层。

对此，马云十分冷静。他认为，短信业务不可能从根本上拯救中国的互联网经济。而且一些网站的短信业务靠欺骗客户盈利，这种有违商业道德的情况不可能长久。

在商业活动中，机会无处不在，面对各种潜在的商机，从中做出正确选择并非一件容易的事情。最重要的是，你根本无从知晓眼前的机会能否给我们带来爆发式增长，当然也从来没有人知道。

“机不可失，时不再来”的复杂心理，让许多人面对商业利润的诱惑时不忍放弃。有大格局的人不拘泥于眼前的利益，他们懂得在成长中学会放弃，凭借高度的自律精神迎战未来。显然，这不仅是做生意的学问，也是每个人获取成功的必备品格。

控制住欲望才能做对事情

人要控制欲望，我们只做银行的补充。

“创业者”实质上不是一个实体概念，而是一个抽象的职能概念，表现为一种创业精神（冒险精神）。通常来看，创业精神呈现的是一种对成功的强烈欲望。

欲望是推动人类不断进步的驱动力，更是创业者最原始的动机。欲望成就了创业者，同时也摧毁了一部分面对诱惑意志不坚定或过分自信的人。很多创业者在公司发展阶段往往分不清“追求”与“欲望”、“雄心”与“野心”的区别，错把过度的欲望当做创业路上的牵引，最后不是因为欲速而不达，就是因为财迷心窍掉进了商业陷阱。

今天，人们只看到马云不断创造商业奇迹，不断延伸商业触角，以为“心有多大，舞台就有多大”，却没有看到他也曾放弃过很多旁人求之不得的机会。不得不承认，如果当年马云没有那股走出体制的勇气，没有对财富的天然欲望，他就不可能有后来出奇制胜的商业奇迹。当然，他从来都是稳中求进，懂得控制住膨胀的欲望。

对于网络游戏这块业务，马云没有贪图其丰厚的市场红利。他认为，游戏不能改变中国的现状，而且好男儿理当励精图治、克己修身。虽然游戏产业发展迅速，很多人也接受了这个产业，但是这有悖中国传统文化。所以，当阿里巴巴高层提出增加游戏业务之后，马云一度说出了“饿死也不做游戏”这样的话。

后来，越来越多的互联网企业试水网络游戏业务，马云也不为所动。他相信，尽管短时间电子商务盈利比不上网络游戏，但是8年、10年之后，电子商务一定能赚到大钱。就连史玉柱这位网游大咖都感叹：“马云没做网游，如果他做，第一大网游商肯定是他。”

马云对此并不后悔，虽然没有成为第一大网游商，但是阿里巴巴已经成为中国第一大电子商务公司。而阿里巴巴旗下的淘宝网迅猛发展，更是带动了整个中国电子商务业的爆发。2007年，淘宝交易额为433亿元，但是到了2010年，淘宝交易额就猛增到了4000亿元，淘宝2013年交易额更是暴涨到1.1万亿元人民币。2017年双11，淘宝+天猫成交额刷新记录，达到1682亿元。

显而易见，电子商务市场比网络游戏市场更大，而且更有潜力。

2009 年，中国的上网人数超过了美国总人口数；同年，整个亚太地区奔驰 Smart 的销售量只有几百辆，但是在 2010 年淘宝网的活动中，3 小时就卖出了 205 辆。由此可见，未来电子商务市场的潜力多么巨大。

在马云看来，市场经济充满了不确定性和不可预知性，也充满了迷惑和陷阱。在中国尚不成熟的市场经济条件下，处处都是商机，也处处布藏满暗礁。如果创业者不能有效控制自己的欲望，极有可能在全速行进时撞上冰山，还来不及看清真相就一命呜呼了。

你或许经常听到成功导师在讲坛上给大家布施传道，也想再次踏上成功者走过的路，他们只为你制造无限的诱惑，却不能告诉你具体到不同的行业，你应该如何到达预定的目标。最后，很容易因为实力与欲望不匹配而误入歧途。

做任何事情都应务实，首先要控制好贪大、求全的欲望，克制盲目冒险的冲动。从某种程度上说，你的认知高度决定了未来发展的高度。有大格局的人不是单凭一己之力和一己抱负走向成功，而是建立一种能够持续精进的模式不断完成自我超越。你必须深刻了解自我的真正目标，并确定目标与自身实力相匹配，从而建立一种理性欲求。

亚当·斯密认为，企业家天生具有追求财富的动机。没有扩张的欲望，企业不可能做大。但他在《道德情操论》中又说："一个企业家必须学会控制和约束自己的欲望。"

抛开市场经济规则不说，回到人性层面，创业者的欲望必须是一种可以控制和预见的欲望。中国很多年轻的创业者还处于浮躁、激进阶段，以金钱的多寡来衡量成败，且缺乏预知后果的分析能力，以及企业背后相应的社会责任感。所以，创业者的欲望除了具备思想高度，还要具有法理精神。钻法律空子，打擦边球，这些做法都会让你遭受灭顶之灾。

情商比智商更重要

聪明是智慧者的天敌，傻瓜用嘴讲话，聪明的人用脑袋讲话，智慧的人用心讲话。

哈佛心理学教授丹尼尔·戈尔曼曾经说过：“一个人如果不具备情绪能力，缺乏自我意识，没有同理心，不知怎样与人和谐相处，不管有多么聪明，这个人也不会有很大发展。”智商只是一个人对知识的掌握、对科技的理解，而情商是察觉自己情绪及善用别人情绪的能力。一个人的智商高低并不是决定成功唯一的条件，最重要的是他有很高的情商。

研究表明，在人们取得成功的诸多要素中，智商所占的比例是20%，而情商占80%。有大格局的人情商更高，具备出色的心态调整能力、抗挫折能力等。从某种意义上讲，情商比智商更重要。随着社会的多元化和融合度日益提高，较高的情商将有助于我们获得成功。

马云的成就有目共睹，许多人问他：“很多企业家也具备了跟你同样的素质，但为什么不如你成功呢？”对此，马云回答：“很多人都非常优秀，比我聪明，也非常努力，但为什么我成功了？我认为，第一是毅力，第二是坚持。”

在这里，马云所说的毅力和坚持就是我们常说的情商。在长期努力的过程中具备坚韧的品格，始终坚持既定的奋斗目标，这样的人无疑更有持久创造力，更能赢得竞争、战胜对手。显然，高情商的人比高智商的人更容易获得成功。

阿里巴巴的模式来自马云的灵感和直觉，来自他与团队的激烈的思想碰撞。马云说：“在外经贸部的工作经验使我了解了许多中小企业的需求，也教会我如何让互联网用于世界和中国的中小企业，这的确对我帮助很大。”

谁也不能否认阿里巴巴是马云及其团队的一个伟大创造，阿里巴巴的B2B商业模式被誉为世界互联网史上的第四种模式。作为世界上有影响力的经济体，中国有很多发展机会，我们可以借鉴国外的先进经验，但是更重要的是找到适合自己的发展模式。

马云说：“人家说阿里巴巴是一个公告板，雅虎是搜索引擎，亚马逊是书店，那又怎么样？最好最成功的往往是最简单的，而把简单的东西做好也不容易。阿里巴巴要像阿甘一样简单。”由此不难看出，阿里巴巴模式是中国国情和网络市场发展阶段的产物，是马云深入市场、深入群众的心血。

对于情商，马云说：“成功与否跟情商有关系，跟读书多少没关系，但是跟你成功以后很有关系。成功人士不读书一定会往下滑，而且会滑得很惨。”

丹尼尔·戈德曼认为，长久以来商业社会太强调“思维”智力的重要性，而忽略了情商。评价一个人能力大小，既要衡量情商，又要衡量传统的智商。今天，只有用情商提高竞争力，才能在激烈竞争的社会中立足。

那么，如何修炼高情商，提高竞争力呢？

第一，放低自己。对马云来说，成功的因素有很多，但是有一点常人难以做到，那就是没有虚荣心。他坦言，“做人要低调，放低自我才能看到别人看不到的东西。”放低自己意味着放弃了充大、装相、张扬和卖弄的虚荣表现，放弃了许多假正经、假道学、假圣人的虚伪面孔。显然，这样的人更能把握真实的世界。

第二，做自己。一位哲人曾说过：“上帝用模型造人，塑造了你之后就把模型捣碎了。因此，你是唯一的。”每个人都是一道风景，所以我们不必过多地在意别人的言论和评价，只要走自己的路，只做好自己就足够了。

显然，马云始终坚持抬头做人，低头做事。他用眼睛丈量前方的路，然后专注走好脚下每一步路，取得了骄人的业绩。有大格局的人情商高，更容易找到成功的路径，具备时刻让自己变优秀的自觉。

依法纳税，不逃避应有的责任

世界上只有两件事不可避免，税收和死亡。

照章纳税是企业的义务，是一个企业社会责任感和道德感的基本体现。阿里巴巴之所以有今天的辉煌，得益于马云依法办企，不逃避自身应尽的义务。有所担当，这样的企业和领导者才有大格局。

马云曾反复强调依法缴税的重要性，“世界上只有两件事不可避免，税收和死亡。”他认为，逃避税收其实是对国家不负责，对社会不负责，更是对企业未来长远发展不负责。

众所周知，纳税多少跟企业规模和经营业绩直接挂钩。偷逃税款，是诚信的严重缺失。一个优秀的企业家绝不会在税收上做手脚，而是以准时足额地纳税为荣。对企业来说，缴税是为国家和社会创造价值的表现，也是对自身成就的肯定。积极纳税的企业很容易在消费者心目中树立起诚信守法的良好形象，对企业发展有百利而无一害。

马云认为，在中国当前市场环境下，企业做好四件事是承担社会责任的最好表现：第一，对自己提供的产品和服务承担起社会责任；第二，尽量把钱用在扩大经营方面，从而给更多大学毕业生创造就业机会；第三，关心并投入慈善、公益事业；第四，依法纳税。那些一方面想着避税，一方面又想着在年底捐多少钱的人应该遭到鄙视。

2005 年，阿里巴巴上缴的税收为 25480 万元，首次跨入税收过亿企业的行列，成功实现了马云 2004 年提出的“2005 年要每天纳税 100 万元”的目标。

2013 年，阿里巴巴集团日均纳税超 2000 万元，全年纳税超过 70 亿元，由此成为浙江省内除烟草公司外纳税总额最大的企业。

2017 年，阿里巴巴集团纳税 366 亿元，平均每天纳税超过 1 亿元。相比去年的 238 亿，增长幅度超过 50%，相比 2015 年的 178 亿，更是翻了一倍。

毫无疑问，积极纳税不仅是企业责任感的体现，也是企业实力的印证。今天，企业的纳税意识在不断提高，但是仍然有很多企业存在侥幸心理，明知故犯，无视国家税法。从一个人到一个企业，如果缺乏应有的担当，缺乏纳税的自觉意识，那么就不值得信任，也是格局太小的结果。

作为一个传统制造业和物流业大省，浙江省在过去很多年得益于实体经济发展；随着阿里巴巴异军突起，浙江省在经济结构调整和发展模式转型中跨出了坚实一步，这与阿里巴巴的依法纳税有很大关系。

中国企业当前最大的社会责任，不是做了多少公益项目、捐了多少款，而是把自己的本分做好，而依法纳税无疑是重中之重。显然，那些在公众面前大谈企业责任，却在背地里指使财务做假账的企业家难在商界长久立足，也是格局狭小的表现。

正如普通公民拥有相对等的权利和义务一样，企业家在享受公共资源的同时，必须考虑社会的整体利益和长远发展，自觉承担相应的社会责任。如果割裂企业与社会的脐带，企业也将失去生存的土壤。因此，企业必须树立权利和义务对等的意识，努力做一个合格的“企业公民”。

第05章　马云谈勇气

战胜不了怯懦，你就会输一辈子

一个人只做能力范围内的事，永远无法突破自我。任何时代，没有敢于承担风险的胆略，没有独闯天涯的勇气，成不了气候。有大格局的人，都有非凡的气度和魄力。

陷入困境时保持临危不乱

在顺境的时候，每个人都能展示出领导才华，只有在逆境的时候妥善应对一切才是真正的领导力。

上帝给了我们敏捷的大脑和坚强的内心，是为了时刻保持独立思考能力，尤其是身处困境时能够临危不乱，处变不惊。面对挫折和压力，有大格局的人懂得发挥自我控制能力，等待柳暗花明的时刻，表现出超人的勇气和智慧。

如果在网络上搜索“海博翻译社”，你会发现相关资料是这样的：海博翻译社成立于 1994 年 1 月，由马云先生创立，是一家经工商局正式注册成立的专业翻译机构，也是杭州最早成立的专业翻译社。

从成立的那天起，“海博翻译”就是杭州市公证处指定的翻译社。今天，马云已经离开了博海，然而无论马云还是后来的接班人，都不会忘记这个社团的奋斗精神和快乐心态。

海博翻译社是马云创办的第一个公司，是他养育的第一个“孩子”。那时候，马云只是一个老师，缺乏商业经验。第一次尝试创业，他没有享受到资金或者经济上的回报，而是面临着重重困难和失败的挑战。

一切都是从头开始，完全没有从商经验，也没有社会背景，马云和他的伙伴们面临着难以想象的挑战。开张一个月，马云便入不敷出，收入还不到房租的一半。这让许多人心里犯起了嘀咕，身边许多朋友好心劝告马云回到学校安安稳稳当老师。

讥讽嘲笑也好，好意劝告也罢，马云认为这都是别人的想法，不能因此改变初衷，也不能选择放弃。他没有被失败打倒，表现得比较淡定，内心只有一个想法，那就是让海博社这个新生儿继续活下去，总有一天会赚钱。凭借这份临危不乱的坚定信念，马云开始寻找新的利润增长点。经过三年的摸索和坚持，海博社终于等到了苦尽甘来的一天。

假如马云没有在困境面前坚持下去，或者变得慌乱而不知所措，那么就不会有今天的海博社了，也不会有日后马云多次逆境中突围，成就非凡的事业。第一次创业陷入困境，马云表现出临危不乱的品质，对他今后转行互联网应对无尽的艰难险阻意义重大。缺少当初果敢的创业勇气，恐怕日后也很难完成自我超越。

莎士比亚说过："人的才华如果无法运用到最需要的时刻，便和碌碌无为没有差别。造物者是一个精于计算的女神，它给予世人的每一分才智，都需要受赐的人善加利用。"

身处逆境，往往能更好地体现一个人的心理状态和品格。具备临危不乱的心态，展示出乾纲独断的能力，这样的人大智大勇，往往会有更大作为，在团队中扮演更重要的角色。毫无疑问，马云做到了，所以他成为一个顶尖的企业家，打造出了一个伟大的企业。

每个人都会遇到困难，陷入困境的时候，意气用事解决不了任何问题。不如冷静下来，把问题想明白、弄清楚，然后再想办法解决。人只有在困境中才能展示出超人的能力，并取得令人惊讶的成就。

处变不惊，临危不乱，是一种乐观的生活态度，也是一种儒雅的大将风度，更是面对危局的掌控能力，充分展示了当事人的勇气。有大格局的人在任何时候都能用平和的心态应对突如其来的状况，积极处置并解决各种问题，用宽阔的胸怀拥抱一切苦难。因此，他们成为世人眼中掌控全局的高手，也得到丰沛的回报以及应有的敬重。

只有偏执狂才能生存

干！不管怎样，我都干下去。

如果马云不“冒险”，就不会有今天的阿里巴巴集团。正如英特尔公司创始人安迪·格鲁夫所说，在商业领域“只有偏执狂才能生存”。纵观世界上成功的企业家，几乎每个人都是从“钢丝”上走过来的，他们不怕头顶风险，不怕一失足“债务满身”，关键时刻敢于压上自己的全部家当……

“蹦极”是一种身体极限运动，那么创业则是“心理”极限运动。面对未知的环境，当事人如果缺乏过硬的心理素质，没有偏执狂式的坚持，恐怕很难取得成功。

时至今日，阿里巴巴已经成为国内首屈一指的互联网集团，即便在全球互联网领域数一数二。然而，创立之初并没有几个人看好电子商务的前景。1995年，马云在美国第一次接触Internet，当时互联网在国内刚刚崭露头角，马云所在的杭州还没有网络业务。马云既不懂计算机专业技术，又不懂互联网运营策略，却开始梦想着通过网络开公司、赚钱。

在“一摸黑”的情况下开互联网公司，马云心里也没底。回国后不久，他便召集了24位朋友，想听听他们对互联网商务需求的看法。当时，马云整整讲了两个小时，结果众人听得稀里糊涂。最后，其中23个人说“算了吧”，只有一个人说“可以试试看”。

如果是普通人，一看这么多人表示反对，很可能当即放弃，但是马云对自己认定的事情有着近乎于“疯狂”的执念。即使24个人全部反对，他也毫不动摇。马云想了整整一夜，经过激烈的思想斗争、反反复复的心理博弈，他最终决定大干一场。“干，不管怎样，我都要干下去”，就是靠这种偏执的信念，他迅速开始行动。

1995 年 5 月 9 日，“中国黄页”上线了。这是一家专门给中小企业提供主页服务的互联网公司，创业资金是马云和妻子以及一个朋友共同拼凑起来的 2 万元。当时，公司的名字不是“阿里巴巴”，而是“杭州海博电脑服务有限公司”。

公司成立了，网站也有了，接下来主要任务是联系业务。当时，即便上海这样的大城市都没有开通互联网业务，很多人根本不知道互联网是怎么回事，所以业务开展并不顺利。马云不知道去哪里找客户，所以从身边的朋友开始。

因为没有网络，不能在网络上看到信息，马云只能将企业的资料用 EMS 寄到美国，让那里的生意伙伴把做好的 homepage 打印后寄回杭州，然后再拿着网页的打印稿给客户看。尽管马云一直极力宣扬 Internet 多么好，但是没人愿意相信，因此很多人都把他视为“骗子”，认为他在推销“莫须有”的商品。“马云是骗子”的称号基本上来源于这段“推销”经历。

面对诸如“你对计算机一窍不通怎么能成功”等质疑，马云偏执地选择了坚持下去。虽然有人说“你是不是在编故事骗人”，但是马云仍然“死皮赖脸”地继续推销下去，他对客户说：“你可以给法国的朋友打电话，给德国的朋友打电话，或者给美国的朋友打电话，我出电话费。如果他说没有，那就算了；如果他说有，你要付我们一点点钱。”

创业需要敢于冒险的偏执狂，马云抗住了市场的无情打击，慢慢说服了一些客户，让他们掏钱把企业资料和信息放在互联网上。所有改变，只能交给时间。

1995 年 8 月，也就是马云成立公司后三个月，上海终于开通了“互联网”。对马云来说，这是一个天大的好消息，因为客户终于能在网络上看到自己的企业信息了。由于杭州与上海相距不远，所以马云很快就接到了一大批订单，并获得了十分丰厚的利润。

风险与收益永远是成正比的，有大格局的人不会拘泥于眼前一时的得失，而是着眼未来长远的发展，把握行业发展趋势。如果当初马云听从朋友的建议，继续安安稳稳当教师，那么就没有后来“中国黄页”的诞生；如果马云因为被人误解是骗子就放弃创业的初衷，那么也就没有今天在美国上市的阿里巴巴了。在一无所有的情况下，敢于朝着正确的方向迈出第一步，马云这种勇气非常人能及。

一个循规蹈矩的人，不愿意承担任何风险的人，很难获得丰厚的收益。正如美国艾伦集团总裁罗伯特·艾伦所说，“风险和机会是紧连在一起的。冒险是机遇的代价，如果你只求安定，不愿承担风险，那你同时也就失去了成功的可能性。”

事实证明，做事需要冒险精神，所谓“舍得一身剐，敢把皇帝拉下马”，少了敢想敢干的尽头会一筹莫展。如果你想在有生之年干出一番事业，必须有孤注一掷的勇气，置之死地而后生的魄力，以及“明知不可为而为之”的偏执力。

永远别畏惧黎明前的黑暗

做事要永不放弃，别给自己留退路。在创业的道路上，我们没有退路，最大的失败就是放弃。

人在旅途，或明或暗，或沉或浮。也许今天是残酷的，但是人生的苦难就像黎明前的黑暗，虽然最冷、最黑、最暗，但是只要坚持住，终究会有突破黑暗拥抱光明的时刻。

“做事要永不放弃，别给自己留退路。在创业的道路上，我们没有退路，最大的失败就是放弃。”马云在给年轻创业者提供意见时，如是说。

“永不放弃”是马云的座右铭，是所有成功者赢得胜利的一个根本要素，更是一种精神和意志。有大格局的人着眼全局，具备坚韧的意志，在困境中会战斗到最后一刻。

当年，马云把大家召集到一起创业，承受着巨大压力，也充满了激情。在湖畔时代，每个人都是那么义无反顾地奋斗，坚持梦想。美国《福布斯》杂志的记者贾斯汀·杜布勒采访马云时，参观了阿里巴巴创业时住过的房子："20个客户服务人员挤在客厅里办公，马云和财务及市场人员在其中一间卧室，25个网站维护及其他人员在另一间卧室……像所有杰出的创业家一样，马云知道怎样用有限的资金坚持更长的时间。"

捉襟见肘的资金，简陋狭小的工作室，匮乏的人力资源，一切都从这个湖畔花园开始，马云带领大家一步步艰辛地向前奋进。这段日子，无疑是马云这辈子最难忘的经历。面对人生的艰难时刻，他们没有畏惧。

那时候，马云要求所有员工住在离办公室步行5分钟的地方，只为突然加班时能找到人。大家租下附近最便宜的民房，习惯了简陋的装修。马云规定作息时间是从早9点到晚9点，每天工作12个小时。当然，加班是常有的事，大家最大的愿望就是好好地睡一觉。谢世煌是当年的"十八罗汉"之一，据他回忆，湖畔花园里有一间小小的会议室，可以打地铺休息，那时每个人虽然租了民房，但是睡办公室的时间仍然超过了回出租房睡觉的时间。

湖畔时代不仅工作辛苦，生活更艰苦。如果用一个词来描述阿里巴巴团队的生活状态与工作状态，那就是"疯狂"。艰辛与困苦考验着马云和他的团队，大家心甘情愿地忍受着，没有人选择离开。大家不计较得失，甘于奉献，也就不会感到日子苦闷了。

其实，马云并不知道什么时候才能结束这种暗无天日、拼死拼活的日子，也不知道大家还能坚持多久。在黎明前的黑暗日子里，马云苦苦坚守着心中的梦想，撑起了大家的信心。也许在世人看来，这样的路遥遥无期。然而，马云并没有被黑夜吓倒，就此放弃，而是用实际行动感染每一个成员，与大家一起奋斗，等待着黎明的到来。

每个时代的奋斗者身上都有一个共同的品质——意志顽强。他们坚韧不拔，执着向前，永不放弃，只要认定自己的规划和选择是正确的，不管黑夜多么漫长与恐怖，都会毅然决然地走下去，不达目的不罢休。马云说过："黎明前的黑暗是最难挨的。"在黑暗中坚守虽然苦涩，但是也有一种豪情。显然，缺少了无所畏惧的精神，即使再远大的理想抱负，也只会成为南柯一梦。

在人生旅途上，每个人都要受到命运之神的捉弄，它让你烦恼、痛苦、屈辱。面对人生的沧桑，许多时候是无能为力的。这时候，你要沉住气，坚守内心的理想，迎接转机。

人生在世，一步一步向前走，其实就好像爬山一样，当你筋疲力尽地爬到山顶，以为接下来就是平坦大道，也许出现在眼前的是一片沼泽。难道因为害怕就不走了吗？不，请继续坚定地走下去。沉住气，保持情绪稳定，更伟大的胜利在等候你。

在每个阶段，旅途中总要遇到黑夜和黎明。也许我们一生会遇到很多的黑暗，但是要知道黎明前的黑暗并不可怕，有多少黑暗，人生就会有多少改变。即便是前面是沼泽，沉住气，想想办法，一样可以一步一个脚印的趟过去。最重要的是有一颗淡定的心，学会在忍耐中锲而不舍地追求，学会不屈服于种种障碍，继续不停地做自己分内的工作，从而笑到最后。

美国霍奇斯将军曾说过："失败往往是黎明前的黑暗，继之而出现的就是成功的朝霞。"只要心中有永不放弃的恒心，黎明前的黑暗算什么？只要我们有超越一切的决心，失败又算什么呢？

选择一个行业，勇敢跳下去

我要去做一家公司，不管做什么公司，只要有一个行业，我一定跳下去。

在追梦的道路上，半路撤回的人大抵都是内心脆弱之人。外界的阻碍以及内心的不坚定两面夹击，让他们不得不停下脚步，放弃梦想。然而，总有一些人坚守内心的理想，一旦认准了目标，便义无反顾地走下去。

马云就是这样的人，他不给自己留后路，认准了目标便勇往直前。最后他成功了，成为万千人心中崇拜的成功者。然而，除了羡慕，又有多少人愿意破釜沉舟、背水一战呢？

从创业的第一天开始，阿里巴巴便以“让天下没有难做的生意”为使命感，立志于服务中小企业。它采用B2B模式——企业与企业之间通过专用网络或Internet，进行数据信息的交换、传递，开展交易活动。

在过去十几年里，这种模式并不被外界看好，比如网易总裁丁磊、搜狐总裁张朝阳等人都曾对它产生过质疑。然而，马云丝毫不动摇，也不在乎别人的看法。他说，“我只相信自己的感觉和信念”。别人越不看好，他越要做得更好。阿里巴巴的一些投资者也曾质疑过B2B模式，但是马云并没有放弃，在说服他们的同时也在努力做出成绩，证实这一模式的商业价值。

一旦做出选择，就义无反顾地干好，坚持少说多做，这是马云一贯的作风。没有业绩的时候，外界保持怀疑很正常，但是当事人会面临很大的煎熬。此时，如果没有义无反顾的勇气，恐怕很难坚持到最后。有大格局的人坚信未来，也敢于执行到底，用扎实的业绩回应一切质疑。

在带领团队奋进的过程中，马云不但时刻给自己打气，还帮助团队成员构建梦想。也许这些梦想在别人看来有些不着调，却鼓舞着员工努力奋斗，让他们看到希望。

有一次到了年底，公司因资金周转困难，员工没有年终奖，还要继续加班。马云把大家召集到一起开会：“假如你们每人有500万元年终奖，你们想怎么花？”大家一听来了兴趣，便七嘴八舌地讨论起来，畅想了近一个小时。马云突然间打断说：“好！大家说的这些都会实现，接下来干活吧！”

也许，这只是一个空谈的梦想，但是当大家对500万有了憧憬与规划后，便不仅仅是一个空想出的梦想，而是一种动力，在工作中充满激情。凭借对行业执着的追求，以及义无反顾的热情，马云带领团队实现了惊人的跨越，从 18 人组成的小公司发展为涵盖电子商务服务、蚂蚁金融服务、菜鸟物流服务、大数据云计算服务、广告服务、跨境贸易服务等为主的互联网服务集团。

诗人汪国真在《热爱生命》这首诗里写道："我不去想是否能够成功，既然选择了远方，便只顾风雨兼程……我不去想身后会不会袭来寒风冷雨，既然目标是地平线，留给世界的只能是背影……"

成功注定是一条吃苦的路，创造奇迹就更是如此。这条路上，眼泪多于快乐，失落多于欣慰，忐忑多于安心。如果你想成功，不甘于平庸，必须选择咽下所有的痛苦和眼泪，义无反顾，风雨兼程。

心中无敌，则无敌于天下

期望越高，结果失望越大，所以我总是想明天肯定会倒霉，一定会有更倒霉的事情发生，那么明天真的有打击来了，我就不会害怕了。你除了重重地打击我，又能怎样？来吧，我都扛得住。抗打击能力强了，真正的信心也就有了。

恐惧是一种常见的心理活动，有的人怕高，有的人怕黑，有的人害怕和陌生人交流，有的人害怕在人多的地方发表言论。对此，美国总统罗斯福说过，人们恐惧的是恐惧本身，而不是某件事情。换句话说，让人们产生恐惧的是自己的胆怯，而不是事物有多么可怕。

在奋斗过程中，马云从来都不是一帆风顺。面对未知的前途，面对挫折和压力，马云比常人更坚强，最终无敌于天下。凭借这种强者心态，马云一路走来，表现出非凡的勇气和睿智。

马云从来不避讳自己犯过的错误，也承认创业犯错不可避免。他坦言，如果在这些错误中不能保持强者心态，那么就会被错误干掉。反之，把这些错误当作宝贵财富，那么事业将会越做越大。

2000 年 5 月，马云成功挖来了雅虎的搜索器之王——吴炯。当时，吴炯找来一帮朋友，他们听完马云的故事，个个热血沸腾，表示愿意跟马云一起干。那时候，中国的互联网公司——无论新浪还是搜狐，都没有阿里巴巴聚集的国际精英多。

马云当时提出的口号是："东方的智慧，西方的运作，面向全世界的大市场。"他强调，"在公司的管理、资本的运用、全球的操作上，要毫不含糊地全盘西化"。为此，他不惜花重金打造了一支阿里巴巴美国研发中心的骨干队伍。马云的目标很明确，"阿里巴巴是一支一流的团队，一流的投资组合，当阿里巴巴打进纳斯达克时，将是亚洲第一。"

不可否认，这些国际化的精英对阿里巴巴的成长发挥了巨大作用，但是大量国际人才的引入也带来了许多问题。

第一，文化冲突。外籍员工与本地员工产生文化冲突，这在阿里巴巴的杭州总部表现得最为明显和激烈。有一段时间，这种文化冲突曾经一度难以调和。

第二，不熟悉本土市场。许多外来高管因为不熟悉中国市场，导致决策偏差，也在执行工作中成效甚微。

第三，未能全部发挥作用。阿里巴巴引进的国际人才没有人尽其才，有一半并不是阿里巴巴所需的网络人才。加上语言障碍和文化冲突，其中许多人未能全部发挥作用，对阿里巴巴贡献不足。

第四，难以承受的人力成本压力。大量国际化人才加盟，让阿里巴巴的人力资本支出陡然上升。当时，一个美国雇员的工资是杭州雇员的十几倍。结果，阿里巴巴千辛万苦融来的 2500 万美元风险投资，大半用来给国际化人才发工资了。

在不到一年的时间里，阿里巴巴的国际精英走掉了 90% 以上，其中大部分人是被辞退的。面对国际人才的离去，马云不得不反思公司人才国际化战略，不得不重新起用和培养本土团队。于是，一支“土八路”组成的团队就这样诞生了，并度过了那段低潮期。

人才国际化战略的失误让阿里巴巴浪费了许多宝贵的资金，甚至一度陷入绝境。马云和阿里巴巴为此付出了惨重的代价，2500 万宝贵的风险投资烧掉了一半。从长远来看，阿里巴巴的国际化方向并没有错，只是海外扩张太早了，至少早了 5 年。此外，马云过高估计了自己的财力，也是造成失败的一个重要原因。

后来，马云这样总结：“钱太多了不一定是好事，人有钱才会犯错啊！”不过，马云面对巨大失误没有气馁，而是及时调整战略，推行人才本土化。虽然造成了损失，但是阿里巴巴得到的比损失多，至少他们懂得了如何全球化。

有大格局的人不惧怕失败，他们面对挫折拒绝抱怨，而是从自身找问题，发现解决问题的路径。正所谓，强者解决问题，弱者寻找借口。

生活中，可以被竞争对手打败，但绝不能被自己的弱者心态打败。保持强者心态，总有一天，我们会变成真正的强者。具有弱者心态的人被对手打败后，除了一味向别人哭诉外，有时还会抹黑自己的对手，把对手描述成十恶不赦的恶人。这样做，格局太小。

战胜不了怯懦，就要一辈子躲着它，而我们如果能勇敢地面对它、战胜它，就会发现它没有想象的那么可怕。像马云一样以强者心态面对人生，即使自己的实力与别人相比真的有很大差距，也绝不退缩，终究会迎来胜利的时刻。

奥地利作家茨威格曾说过：“恐惧是一面哈哈镜，它那夸张的力量把一个十分细小的、偶然的筋肉悸动变成大得可怕、漫画版清楚的图像，而人的想象力一旦被激起，又会像脱缰的野马一样狂奔，去搜寻离奇的、最难以置信的各种可能。”

显然，危险本身并非那么可怕，只是因为我们一开始对它感到畏惧，并在想象力的驱使下把这种畏惧无限放大，最终丧失了迎战的勇气，直至它成为我们一生都抹不去的阴影。像马云那样战胜怯懦，才能改变自己的命运；否则，我们最后只会成为一个平庸的人，过着碌碌无为的日子，丧失了让人生出彩的机会。

第06章　马云谈眼界

别因为眼前的处境，局限自己的世界

普通棋手与大师级棋手的区别在于，前者想一步走一步，后者走一步想十步，这恰恰是眼界的差异。如果不想成为有才华的穷人，就别因为眼前的处境，局限自己的世界。

任何时候都不要把自己看低

全世界有钱人很多，但是能做阿里巴巴的人不多；全世界有很多投资者，但是马云就一个。

1999 年 10 月，一个朋友神秘兮兮地对马云说："日本很有名气的软银公司总裁孙正义想见你，他现在就在北京，你愿意见一面吗？"对于这件事，马云起初并没有在意。

到了 2000 年冬天的时候，马云决定拜访这位世界级投资大咖。当时，他还没有与孙正义合作的念头，只是想单纯地见一面而已，看看这个大人物有什么独特之处。为此，马云没有带着团队登门，而是单刀赴会。

进入北京东四十条的富华大厦后，马云大吃一惊。他看见整个会议室坐满了人，每个人都西装笔挺，还有一些摩根士丹利的人，大家都认真严肃地对待这次会面。

孙正义要求每个会面的人都发表演讲，阐述一下自己的商业计划。轮到马云的时候，孙正义说了一句："讲讲你的阿里巴巴。"

面对世界级的投资大师，马云说："我不需要钱。如果你对阿里巴巴感兴趣的话，我可以给你介绍一下阿里巴巴的情况。"孙正义没有见过阿里巴巴的网站，随后助手打开了网站，方便马云做现场介绍。

6 分钟后，谁也没有想到，孙正义会说出这样的话："马云，我一定要投资阿里巴巴。"事后，孙正义的代表团跟着马云到杭州阿里巴巴总部进行考察。不久，一个朋友告诉马云，孙正义询问投资阿里巴巴的事情，并且非常感兴趣，还邀请马云去东京，这样就可以面对面进一步深入沟通了。

马云带领团队到了东京以后，见到孙正义，双方仅用了 3 分钟就达成了协议。孙正义对马云及其团队说："记住，今天是历史上最重要的一天，你们是我见过的最优秀的团队。"双方很快正式签约。软银给阿里巴巴投资 2000 万美元，帮助它拓展全球业务，同时又在日本和韩国建立了合资公司。

软银公司每年要接受来自 700 家公司的投资申请，只有 70 家公司能够获得投资，而总裁孙正义只选其中的一家公司亲自谈判。能让孙正义在如此短的时间内做出投资决定，对软银公司和阿里巴巴来说都是破天荒的一次。

面对如此戏剧性的一幕，很多人感到非常好奇，是什么力量迅速促成这次合作？孙正义和马云之间的非同寻常的默契来自哪里？为什么孙正义特别看重马云？其实，孙正义被马云身上的独特气质征服了，这种气质包括想法独特、大胆果断，还有不因外界看低自己的自信。

人们在面对未来挑战的时候，通常会有两种态度：一是认为自己将来一定会有所作为，并且十分坚定地相信并付出努力；二是认为自己太过平庸，一辈子也不会有什么大的成就，结果真的过上了碌碌无为的日子，在红尘滚滚中被淹没了。

心有多大，舞台就有多大。每个人都有梦想，没有人不想成功，可是有的人做到了，有的人没有做到。在内心深处不相信自己的人，永远也不会成功。保持自信是做人应有的格局，只要不断努力、不断学习就能攻克难关，任何时候都不把自己看轻、看低，要用永不言弃的精神和坚持不懈的努力拓展人生边界，超越过去的自己。

如果真心热爱自己从事的职业，并对自己的事业抱有极大的热忱，那么就会有持续奋斗的动力，有不断进步的激情。在马云身上，人人都能看到他的自信。这种自信来源于对梦想的坚持，以及坚定地认为一定会成功的气魄，更得益于他宽广的眼界。虽然面临艰难的处境，但是仍然相信互联网行业前景光明，马云正是凭借这一点赢得了孙正义的青睐，也带领团队走过了逆流与险滩。

机会面前人人平等，只有努力寻找机会的人才能把握成功。显然，有大格局的人散发着自信的光芒，不会因为一些外在因素就对自己所做的努力全盘否定。他们拼尽全力守护梦想，像马云一样奋斗不息，最终获得巨大成功。

读书少没关系，就怕不读社会这本“书”

很多时候，创业者是因为自己搞不清楚而去创业，当你搞清楚以后就不去创业了。所以创业者读书不多没关系，就怕不在社会上读书。

创业成功凭的是什么？凭的是敢闯敢干的胆量，在高效行动中创造非凡的业绩。有人说自己学历低，不是名校毕业，但是这些并不是决定你能否有作为的关键因素。有的人读书很多，但是做事瞻前顾后，顾虑太多，缺少了破釜沉舟的勇气。在校园里读书太少没关系，关键是到了社会上要注重增加阅历、积累人脉，用心读社会这本“书”。

读好社会这本“书”，就要真正融入到各种人群中，全身心投入到从事的行业中，拓宽眼界，打开思路。

张奕多，工商管理学硕士，早年留学美国。毕业后，他试图结合网络游戏的技术模式和远程教育的教育宗旨，开发一个游戏平台，把知识有机地融入游戏之中，通过游戏提升学习效果。这个想法不错，那么张奕多之前做过哪些准备呢？

回国后，张奕多没有马上创业，而是先进入专门做网游的盛大公司。但是，他在这家公司只待了半年，什么原因呢？张奕多说，自己学的是MBA工商管理，然而并购、收购一家网络游戏公司，研究这款网络游戏是否受欢迎，客户究竟怎么看待这个网络游戏，明显力不从心。他觉得自己在这些领域比不上1980年以后出生的年轻人。

在网络游戏的世界里，张奕多不如“80后”这一代人，他应该做自己擅长的商战模拟。于是，他离开盛大公司，一个月后创建了一家新公司。

听了张奕多的创业想法后，马云觉得他在校园里待的时间太久了，社会经验不丰富，如果贸然行动会吃大亏。马云对他说："创业者往往是开拓者，你在 MBA 学到的知识未必能帮你创业。创业者最大的快乐是在创业过程中学习，提升自己。很多时候，创业者是因为自己搞不清楚而去创业，当你搞清楚以后就不去创业了。所以创业者读书不多没关系，就怕不在社会上读书。"

马云说成功与读书多少没有必然关系，与人的情商有很大关系，而情商的培养和提升需要在社会中历练。因此，读好社会这本"书"很重要。

事实上，马云上学期间成绩并不理想，读书还真不是他的强项。从小学到大学，马云从来没有读过一流或者二流的学校，上的都是三流、四流的学校。初中考高中，马云考了 2 次，数学仅仅考了 31 分。高中考大学，第一次数学考了 1 分，名落孙山。几经辛苦，马云才最终考入杭州师范学院（现杭州师范大学）外语系，还只是专科分数。

论出身，马云只是一个普通的小人物，然而他能带领阿里巴巴发展成影响全球经济的电子商务巨头，离不开始终学习的心态，以及由此练就的开阔眼界。可以说，马云的许多知识和智慧都是从小走街串巷而在社会中学习得来的。

改革开放初期，杭州出现了国门大开之后的第一批外国游客。十二三岁的马云凌晨 5 点起床，骑车到外国人居住的香格里拉饭店门口，为他们免费当导游，目的是练习英语口语。正是因为有了那样一段跟外国人接触、交流的经历，马云培养了截然不同的思维方式，开拓了视野，从而在成年后显露出过人的胸襟与胆识，也为他日后开创更大的事业奠定了坚实的基础。

虽然没有读过名校，也没有多么深的学问，但是马云毕业后在工作中勤勤恳恳，向各行各业的人学习，在社会这个大熔炉中磨练，最终练就了惊人的商业天赋，成为中国电子商务第一人。

学习不只在学校里进行，它是一项终身的事业。尤其是离开校园以后，社会上方方面面的知识才最令人终身受益。除了在学校学到系统的理论知识，我们更要注重在实践中不断积累经验、增长见识、磨练意志，从而更好地适应复杂多变的社会。

在人生的旅程中，我们不知道要穿过几条河流，要翻过几座大山，有大格局的人每时每刻秉承虚心学习的理念增进自己的智识，拓展个人视野。在社会这所大学里，它会鞭策你不断进步，帮助你认识人性，建立自己的人生观，发展人际关系。正如作家赵美萍所说："虽然我没有进过大学深造，但是社会也是一所大学，我的经历就是一笔旁人无法能及的财富。"

做人要有大气度、大视野

领导者要建立自我，追求忘我。

早年，马云与许多管理者一样，不愿意聘用毕业生。他一度认为，应届毕业生太浮躁，吃不了苦，不能承受委屈，结果整天头脑中冒出很多想法，频繁换工作。在一段时间里，马云提出，给年轻人最好的机会就是不给机会。

因此，阿里巴巴在创办以后的很长时间内都没有聘用过应届毕业生。每当同行在大学校园里忙于招聘时，马云都不屑一顾。后来，他逐渐改变了自己这种狭隘的看法，意识到了应届毕业生的价值。

刚毕业的学生虽然年轻气盛、锋芒毕露，因此不被外界理解，但是他们热情、有活力，容易接受新事物，更能理解公司的价值观。最重要的是，他们身上有一种"初生牛犊不怕虎"的干劲儿，这是互联网行业最稀缺的。

2005年月，雅虎中国在北京开启了校园招聘的序幕。在随后的两个月里，马云亲自带队到了多个城市，搜罗了一大批年轻的技术人员。他一改之前对大学生的偏见，在学校里主动招揽人才：“11快来看一看呀，这里有没有适合你发展的工作。”这种亲切自然的招聘方式，很快吸引了许多年轻人的注意。

为了不让大学生在途中来回奔波，马云不仅派车接送，还把宣讲和第二轮笔试结合在一起。更贴心的是，马云担心学生们没吃饭就来应聘，免费提供肯德基套餐；在宣讲后再免费提供一次，保证学生们吃饱着肚子参加考试。

年轻的毕业生入职以后，马云继续推行亲民政策：奖励笔试第一名2万元，而被录用的员工都能得到阿里巴巴的股票期权。为了大家能够自由发展，马云还为每个人制订了有针对性的培养计划。

马云接受了年轻的毕业生，以更大的胸怀包容那些容易犯错的年轻人，用更大的视野审视阿里巴巴的发展，由此让企业获得了发展所需的人才。有多大胸怀就能成多大事，领导者海纳百川，那么事业会像大海一样宽广。一个人没有胸怀是很悲哀的，因为狭窄的眼界不足以容纳更多人和事，无法有更大的作为。

陈嘉庚先生曾说：“你容不下的东西，你得不到。如果你的房子太小，不得不将财宝堆在外面，那样迟早会失去。这是一个显而易见的道理，你有多么宽广的心胸，就能成就多大的事业。”

人生舞台上，你方唱罢我登场，面对千千万万的竞争者，能够有所成就的人屈指可数。如果你想拓展个人发展空间，甚至取得成功，必须做一个有气度的人，开阔视野，放大自己的格局。

在马云的眼里，他没有敌人，只有能够让他学习的榜样，这无疑是一种大境界、大格局。如果我们想成就一番事业，就要有干事业的胸怀。这个胸怀包括大眼界、大气魄，能够对别人报以宽容，能够承担自己的失败，能够持续学习。

可怕的不是距离，而是看不到距离

杭师大跟北大、清华比，在世俗的眼光里是有距离，但是正因为有距离，才给我们机会。假如我当年考进了北大，就不是现在的马云了。

当互联网还不景气的时候，竞争对手易趣已经在中国占有了80%以上的市场份额。与此同时，美国的eBay用3000万美元收购了易趣三分之一的股份，并在一年后收购了易趣余下的全部股份。这一切都是为了布局中国市场，努力在市场竞争中处于领先地位。

对此，马云当然看在眼里。于是，他给刚刚起步的淘宝注资1亿元。这个做法遭到很多人的质疑。面对互联网寒冬，很多人已经放弃了电子商务业务，而马云坚持认为只要努力去做，就会有机会，即使有距离也并非遥不可及。

看到马云疯狂的举动，许多人认为这是一场“豪赌”。前面已经有强大的对手，马云没有选择无视，而是觉得应该拼一拼。当然，他有自己的理由这样做。

马云注意到了，虽然eBay做得非常大，但是也有很多缺点，发展并不完善。虽然淘宝和eBay有很大差距，但是仍然存在赢的机会。马云说：“如果eBay是大海里的鲨鱼，那么淘宝就是长江里的鳄鱼。鳄鱼在大海里与鲨鱼搏斗，结果可想而知，我们要把鲨鱼引到长江里来。”显然，这个有想法的男人要走一条和eBay不同的路线。

当时，eBay坚持收费，但是马云并不急着收钱。他主张是先培养市场，把客户的满意度放在首位。除了看到与竞争对手差距，马云更善于分析竞争对手的强势和弱势，能够灵活地采取措施，杀对方一个措手不及。今天，淘宝网已经是无人不知无人不晓的电子商务交易平台，而eBay早已是手下败将。2017年，“双十一”天猫、淘宝总成交额1682亿元。

狭路相逢勇者胜，有大格局的人不只看到双方的实力差距，还敢于亮剑，积极寻找合适的竞争策略反败为胜。马云没有被强大的对手吓住，他看到了与对手之间的距离，顶住压力逆势而上，不断接近梦想。虽然外界称之为“疯子”、“狂人”，但是马云不为所动，丝毫不在乎别人的说法和看法，他用行动证明了自己的誓言是正确的。

迈入“互联网+”时代，竞争愈演愈烈。一个人最可怕的是自足自满，沉迷于既有的成绩，看不到和别人的差距，更不要说认真参与竞争了。有大格局的人眼界宽广，他们能够看到自己的短板，发现竞争对手的优势，并通过行动悄然改变这一切。

正视你与竞争对手的差距，并为此付诸努力，就可能变得和成功者一样优秀，甚至超过他们。差距是压力，也是动力。一位营销专家说，那些优秀的营销计划一定是针对某一个对手而进行。没有这样的竞争意识，必定走向失败。

在巨大的差距面前，许多人会丧失信心，乃至放弃采取行动。这样的人不会用发展的眼光看问题，也缺少自强不息的精神，结果听任命运的捉弄。有格局的人看到差距，但不会丧失行动的勇气。他们主动接受全新的考验，在直面挑战的过程中变得精明强干。

放宽眼界，看到你与对手之间的距离，就能知道自己下一步该如何行动。感谢你的竞争对手，他们会令你跑得更快，实现快速成长。既有眼界，又有行动力，这样的人才能保持活力，获得持续精进的可能。向强大的对手宣战吧！不要躲在温室里，只有经历过风雨，才能绽放出最美的芬芳。一定要看清与对手的距离，看清与成功的距离，接下来你只管上路，奋起直追，时间会馈赠你应得的一切。

既要立足本土，也要放眼世界

淘宝网不仅在亚洲网站排名第一，也要成为全世界第一大 C2C 网站。

马云是一个有大格局的人，他告诉全体职员，阿里巴巴的使命是让天下没有难做的生意，让天下没有买不到的东西。他们立足本土的同时，也学会了站在世界的高度审视自己，随时做出改变。马云希望阿里巴巴能够帮助想要改变世界的人，尤其是让年轻人看到希望、得到机会。

在阿里巴巴集团 2006 年表彰大会上，马云说："2006 年已经过去了，但是阿里巴巴面临着 2007 年做什么？在前三个月，阿里巴巴做出了很大努力，完成了有史以来最大的组织结构的变动。"

当时，阿里巴巴已经变成了一个控股公司，成为一个集团，旗下有 5 家全资子公司——阿里巴巴、淘宝网、支付宝、雅虎、阿里软件。马云希望阿里巴巴能在这些公司涉及的领域成为行业的领头羊。

后来，马云又在多个场合强调："2007 年，阿里巴巴集团会采取一系列举措推动变革，改变中国，将来还要改变世界。"阿里巴巴的价值观是让员工生活得更好，工作得更加开心，也为客户提供更优质的服务。作为当家人，马云的目标则是在未来 3 年内将阿里巴巴集团变成中国电子商务行业的标杆。

在行动计划中，马云阿里巴巴将确保在中国本土稳健发展，确保电子商务板块仍然成为公司的"奶牛"。阿里巴巴要继续在中国扩大市场的占有率，加强客户对阿里巴巴服务的满意度。当时，马云计划利用 2007 ~ 2008 两年时间，通过淘宝网和支付宝的全面配合，使其成为中国最大的零售业。在此基础上，马云更有放眼世界的豪情壮志，他扬言：

“10 年之内，世界上最大的零售商将会是淘宝，阿里巴巴集团未来的对手将会是沃尔玛。”

面对集团干部，马云慷慨陈词：“我想给你们提一个要求，2007 年淘宝网的交易量最好能够突破 400 亿元，2008 年我们将冲刺 1000 亿元。如果做到这一点，我们就会改变整个中国的商业环境，为中国创造 100 万个就业机会。这将是我们迈向下一步的基石，而下一步是走向世界。”

世界是平的。我们生活在地球村中，只有放眼全球，才能让个人事业得到长足发展，才能让企业迎头赶上。眼界决定胸怀，胸怀的大小决定一个人的事业高度。今天，中国最缺少与世界同步的技术，缺乏像马云那样对技术的欣赏与敬畏。

狄更斯说：“这是一个最好的时代，这是一个最坏的时代。”世界充满了变化，如果我们故步自封，囿于原地，不能随着外部环境的变化做出调整，那么就一定会遇到麻烦，局限自己的空间。

以前，美国雅虎那么厉害，但是微软并购了它；诺基亚称霸手机行业，却在智能化趋势中沦陷。眼界狭窄的人会随时丧失生存空间，主动看天下的人才有生存和发展的机会。在这个变幻莫测的世界上，今天你也许能叱咤一方，但是明天就可能被残酷的竞争淘汰掉。一个残酷的事实是，这个时代抛弃你的时候，连一声再见都不会说。

眼界决定未来，做任何事情都不能只看眼前的一亩三分地，要放眼全中国、全世界。有的人缺乏思想的深度和视野的广度，守着眼前的利益不思进取，更不敢轻易冒险，结果处境变得越来越糟糕。“眼界宽者其成就必大，眼界窄者其作为必小”，这个道理应该早知道。

没有广远的目光，人只会蜗居于自己的眼界之内，永远无法超脱自身的界限，变得平庸不堪。井底之蛙永远都不知道天空的广阔，只有那翱翔长空的雄鹰，才能看到无限的天地。这正是眼界广者其成就必大，眼界狭者其作为必微的意义。在某种意义上，人的眼界决定了人生的全部。

做事的眼光与眼界高远，几乎是所有成功者的共同点之一。当所有人都沉迷于眼前，而不敢继续迈进之时，眼界长远之人却勇于前行，并不断地尝试走出一条别人尚未走过的路，这是他们超越普通人的根本原因。

第07章　马云谈演讲

优秀的领导者都是“会讲故事的人”

许多时候，想让别人认同你很简单，只要学会表达、懂得沟通，成为一个会讲故事的人就可以。马云除了能干，也会说，他善于也敢于把自己推销出去，亮出鲜明的观点，让全世界去模仿。

世界上没有天生的演说家

除了能干，还要会说，让别人认识你。把自己推销出去，是一种需要后天学习和培养的重要能力。

这个世界上并没有所谓的天生演说家，那些口才出众的人都是经历过最初的恐惧和窘迫，而后不断历练才蜕变成现在的样子。在某个时期，站在人群面前当众说话被看做是一门艺术，它有特定的修辞方法和优雅的演说方式，因此成为一名演说家是非常困难的事情。

今天，当众说话被看做是扩大化的人与人之间的交谈，而它实际上并没有教科书上说的那么困难，也不是一门高不可攀的艺术。研究表明，只要遵循一些基本的原则和方法，当众说话可以是一件轻而易举的事情。

毫无疑问，马云具备出众的口才艺术。他是别人眼中的“疯子”、“偏执狂”，那么与众不同，这与他高超的说话之道密不可分。在个人魅力构成中，马云的演讲才能占据了很大一部分。长期以来，这个小个子男人很乐意出现在公众的视线中，凭借极富魅力的演讲征服了许多人。

每次登台发表演说，马云大多会穿着深色西装和浅色牛仔裤，挥动着双手慷慨陈词，成为现场注目的焦点。在演讲中，他语速极快，可是吐字却很清晰，确保每个人都听得清、听得仔细。

马云演讲的时候妙语连珠，能够瞬间征服听众。显然，他不在意“口出狂言”，要的就是那种“语不惊人死不休”的效果。这离不开马云天生的逆向思维，不刻意去迎合、追随他人的观点，怎么想就怎么说出来。必要的时候，马云还喜欢自嘲，拿自己开涮。没有虚伪的言辞，观众感受到的是平易近人。

在演讲中，马云常常提及自己创业失败的经历，“成功的原因有千万种，而失败的原因无非就那几个。”他总是用自己最真实的经历，告诉人们人生的真相。这种演讲不是空洞的，没有太多大道理，而是用最幽默和易于接受的话语，给予人们最真诚的指导。

马云总是口出惊人之语，“品牌就是别人都死，你还活着”，“中小企业最重要的战略就是活着”，“该干什么比能干什么最重要”，“找对的人，而不是找好的人”，“土鳖必须海水放养，海龟必须淡水养殖”。这些震撼人心的语句看似脱口而出，其实是马云长期思索的结果。

在演讲台上，马云娓娓道来，一出口便能说出让人拍手称快的话，加上生动的表情、神态，像极了一场精彩的表演。事实上，这些完美的“表演”需要长期积累，不断练习。世上本来就没有天生的演说家，只要你有像马云一样的欲望，经过有计划的演讲培训之后，都可以获得长足的进步。当众说话，没有想象的那么困难，最重要的是你有一颗强大的心灵。

现实生活中有许多这样的人，他们能力非凡却不善言谈，于是他们总是默默无闻，从不出现在人们的视野之中，也留不下让人印象深刻的话语。而有些人就像是天生的演讲家，他们的演讲幽默、机智，他们的举止风度翩翩，在演讲中获得了绝佳的沟通和宣传效果。

在众人面前发表演讲，既带给听众热情洋溢的享受，又充分展示个人的自信、勇气，这并不像大多数人所想象的那般困难。事实上，只要内心中有充分的欲望去做，任何人都可以发挥出潜在的能力。

一场演讲很短暂，在这短暂的时间里，谁能抓住听众，谁能给公众留下好印象，谁就能在与同行的竞争者获得优势。如果你想有一番作为，就要积极训练口才能力，拓展人生边界。通常，演讲既可以给听众留下良好印象，有助于提升形象，也可以发展优质人际关系，获取新的发展机会。

总之，演讲是一门艺术，想要做一个演讲家，除了自身的天赋，还需要在日常生活中做一些训练和准备，当然走上台来演讲更是不可或缺的重要一步。有大格局的人不惧讲话，他们勇敢地走上演讲台，开口将自己推销出去，用自己的语言征服听众，征服领导，征服全世界。

营造一种开放式的沟通氛围

优秀的领导者善于看到别人的长处，经理人往往看到别人的短处。永远要相信边上的人比你聪明，这才是真正的智者，否则麻烦就会不断。

视野宽广的人，目力所及的范围超越常人。王维说“眼界今无染，心空安可迷”，如果想有所作为，乃至成就大事业，首先要兼听则明，成为一个有见识的人。

当年马云选择进军互联网行业，无疑是一次成功的创业抉择。那时候，互联网还是新兴事物，无论政府还是市场都对其持观望态度，很少有人愿意在这样一个前途未卜的行业里试水。马云也不例外，开始他只是对互联网好奇，后来刚刚萌生创业念头时，身边伙伴给出的建议也大多是劝诫和阻拦。那么，马云为何最终选择踏入互联网行业呢？

在与大家沟通的时候，马云始终保持一种开放的氛围，认真听取每个人的意见。当时，马云身边的几个伙伴都在创业路上摸爬滚打过，各种考虑和担忧都是客观存在的。随后，马云在合理拆分伙伴的各种见解，开始做出有序的整合和必要的筛选。最后，他依旧认定涉足互联网领域，而在具体的创业角度和执行方法上听从了合作伙伴的意见。由此，他走出了一条险象环生，却步履铿锵的创业之路。

优秀的领导者都是会讲故事的人，我们既要把自己推销出去，也要善于听别人讲话，在开放式的沟通氛围中获取真知灼见，从而科学决策。

有大格局的人沟通能力强，首要的一点是善于倾听，明白对方表达的含义，并关注言语之外隐含的信息。为此，必须细心揣摩、用心领悟对方说的每句话，学会察言观色。一个合格的积极倾听者，既能及时掌握对方传达出的真实意图，也能对讲话者表现出浓厚的兴趣，迅速拉近双方的心理距离。

2012年，马云在一次演讲中说：“过去的一年发生了很多事，这些事情让我对很多问题有了新的看法、新的认识。淘宝发展得很顺利，也获得了很多荣誉，这不是我一个人的成就，我要感谢合作伙伴，感谢朋友，更要感谢这个时代。网商是新经济时代的第一批移民。在这块土地上面，诚信、开放、透明、分享成为我们信奉的价值体系，因为只有这样，网商才能成为中国真正进步积极的力量。”

毫无疑问，马云是一个时代的产物，阿里巴巴是一群人思想的外化，而整个商业帝国是马云在开放的格局中构架的。缺少对外开放的意识、对外服务的精神，就不可能有阿里巴巴海纳百川的气概。

当天演讲会上，马云还代表阿里巴巴集团向所有网商致歉，因为自己做得还不够好。“当然我们希望网商能够把更多的善意、建设性的意见，与我们及时沟通，我们一定去完善它。”作为行业大佬，马云没有独裁，也不想用个人意志控制行业。他在保持坚守商业价值的同时，始终选择“兼听并取”，这才是优秀领导者的可贵之处。

现在，马云每次发表演讲都试图把这种开放式的氛围扩散出去，让所有参与者得到一个更加开明的创业环境，间接传播给创业者更多客观而实在的参考意见。

“世上许多人之所以不能留给人良好的印象，正是因为他们不能耐心地做个好听众，由于他们只关心自己接下来要说的话，所以根本不肯耐心地去听人家把话说完……”有大格局的人开放包容，展示出心平气和、谦虚谨慎的姿态，让沟通变成更有价值。

不仅做得到，还要说清楚

我们要把每个人心中的火点起来，智慧是被唤醒的。

马云是一个“能说会道”的人，在创业过程中做得到，也说得出。因此，他在商界结交了许多伙伴，也赢得了更多追随者。凭借“能说会道”这种本事，马云获得了用户的信任，在竞争中脱颖而出。

无论工作还是生活中，能够把自己所做的、要做的表达出来，让他人清楚地明白你的想法，了解你的意图，不仅有助于达成合作、建立信任，还能增强亲和力和魅力，提升人际沟通、商业谈判的感染力。

多年以来，马云无论走到哪里都不忘初心，坚信电子商务一定会走出自己的一片天地。为了让外界信服，他从来没有懈怠过。除了一点一滴的努力，马云还主动说，甚至发表了许多豪言壮语。他说：“坚信互联网会影响中国、改变中国；坚信中国可以发展电子商务；也相信电子商务要发展，必须先让网商富起来。如果说当初我就知道自己电子商务能够发展成今天的规模，那肯定是在吹牛。但是我相信它会发展，而且一直坚持着。”

别人不看好互联网的时候，马云苦苦坚持着；别人遇见互联网的冬天就立马倒戈，另找山头，而他即便是跪着活也不放弃。除了自己这样做，马云还大声疾呼，让更多的人拥抱电子商务浪潮。

为了让阿里巴巴获得更大发展，马云一直在不断学习。没有谁是天生的 CEO，只有不断给自己充电，才能实现企业持续健康发展，不被市场淘汰。为了准确把握未来互联网的发展方向，马云曾经多次到外国参观学习。他说，“要带领一个企业谋发展，领导人要有宽广的胸怀。如果每天只在小地方打转，旅游的地方除了萧山就是余杭，就很难跟上世界发展的步伐。只有去外面多走走，多看看，才会有更高的战略眼光，才能把握客户的潜在要求。”

不仅做得到，更要说得出，是要求一个人不仅要具备很强的执行力，还要具备很强的表达能力。表达能力越强的人，他的内心想法越容易被人理解和接受。在工作中，如果一个人只会做事，而不会表达，那么他很可能会因此与同事之间产生沟通上的问题，也可能因意见不合导致工作进展不畅，甚至让手头的工作停滞不前。

当然，马云出众的口才表达能力是建立在高效行动基础之上的。也就是说，做得好，才能说得更好。如果没有踏踏实实的努力，没有取得令人信服的成绩，那么滔滔不绝的讲话就失去了坚实的根基，甚至变成骗人的伎俩，自然也就无法让人信服了。

很人问马云：“许多企业家以及企业也具备了像您和阿里巴巴一样的素质，但为什么不如您成功呢？”

对此，马云回答：“很多人都非常聪明，也非常努力，但是为什么我成功了？我认为是坚持努力。很多聪明人想得太多，有太多的欲望，很难塌下心来做好一件事。他们说得很好，‘在三年之内会成为全国知名企业，五年内在美国上市’，但是因为没有足够的经验，对市场不了解，所以很难在事业上取得成功。”

马云认为，领导者一定要会讲故事，宣传企业的价值观；同时，他也强调，“干得好比说得好更重要”，因为“干”是“说”的基础。如果只是纸上谈兵，所谓的豪言壮语就成了忽悠人的把戏。

总之，我们所说的善于表达从来都是在“做到”的前提下，是在执行的前提之下。如果你只有出色的表达能力而不去执行，那么永远无法获得成功，只能成为一个满嘴跑火车的骗子。

幽默口才具有打动人心的巨大魔力

其实很多时候，想让别人认同你很简单，让自己变得幽默就可以。

法国大文豪巴尔扎克说：“幽默能给你完全而压倒一切的胜利。”口才绝佳的一个重要标志是幽默风趣，它可以让剑拔弩张的氛围变得轻松愉快，可以让逆耳的忠言变得动听受用，更让紧张的谈话者得到放松，感受到人性的美好。

马云是一个非常幽默的人，而手到擒来的风趣表达更是他的拿手好戏。他善于借用幽默的表达方式，让人际沟通变得和谐而美好，把许多难办的事情轻松搞定。

众所周知，马云原本是一位大学老师，曾经在杭州电子科技学院担任过英文及国际贸易专业的讲师。期间，他作为英语教师，有一段时间在英语夜校班授课。一位参加过马云夜校班的学生讲过这样一件趣事。

有一次到了上课时间，教室里坐满了学生，与往日不同的是，原本该准时到场的老师却不见踪影。同学们先是左右张望，接着开始小声议论起来。过了一会儿，学生们的小声议论慢慢变成了抱怨，甚至有的同学推测今天的课程可能取消了。

突然，一个男子从教室外冲进来，站在了讲台上。他个子很小，人也十分瘦弱。大家还没反应过来，这位尚未站稳脚跟的年轻老师说：“今天我们讨论的题目是‘迟到’。我最讨厌迟到，迟到就是对别人的不尊重，从某种意义上说迟到就是谋财害命……”

同学们被他“自嘲”的话语和说话时认真的神态逗笑了，而满屋子的抱怨之声也在欢笑中消失了。

马云作为老师迟到了，显然没有起到表率作用，这是一件很尴尬的事情。道歉不会弥补学生们的损失，而解释更会让学生们不满。于是，马云选择了用幽默化解这一切。自嘲式的幽默不仅起到了道歉的目的，还博得同学们会心一笑。一笑平怨气，马云借助幽默口才化解了尴尬，让学生们的不满在笑声中荡然无存。

美国著名心理学家吉尔福特研究发现，具有较高创造力的人往往具有以下特点：独立性高、好奇心重、求知欲强、知识面广，以及丰富的幽默感。对领导者来说，幽默感是亲和力的直接表现，也是与下属沟通的金钥匙。

无论工作中还是生活中，马云自嘲式的幽默无处不在。他从来不介意放下身段博人一笑，因为他很清楚，在笑声中很容易取得良好的沟通效果，最后达成所愿。

2014 年 11 月 6 日，马云陪同英国著名球星贝克汉姆参观了杭州的阿里巴巴总部。当天，小贝西装笔挺，笑容迷人，赚足了眼球。随后，马云在社交媒体上幽默自黑：“老史（史玉柱）同样是巴掌脸（小脸容易上镜），同样笑眯眯地走路，为何人家就那么讨人喜欢？称人家是大帅锅，可以当男盆友，而咱们只能当干爹……”马云拿自己开涮的功力可谓极其深厚，不仅给人带来了欢乐，还为自己树立了一个坦然亲民的形象。

幽默口才具有打动人心的巨大魔力，马云凭借风趣的谈吐成为一个十分受欢迎的人，无论走到哪里都会带来一片欢笑。没有人会拒绝一个风趣的人，因为人人渴望快乐。幽默伴随着马云，让他信心倍增，也极大地提升了他的个人魅力，乃至成为全民的偶像。

伟大的戏剧家莎士比亚说过，“幽默和风趣是智慧的闪现”。谈吐幽默的人情感丰富、聪慧机敏，并拥有宽以待人、超然物外等特质，令人生大放光彩。幽默口才能展示一个人的知识和品味，更能在关键时刻化腐朽为神奇，帮你成事、助你成功。它是一种本事，亦是一种境界。

没有实力，就没人听你说话

有的事情可以先叫板，有些不能叫板，等你有实力了再叫板。如果发现很多人在少林寺下面喊打少林寺，这都是瞎掰；但是等到你敢在门口叫板的时候，基本上是胜算已定了。

阿基米德说，“给我一个支点，我能撬动地球”。这句话不知道鼓动了多少人，认为年轻就是资本，年轻就可以任性。然而，只有一股激情和冲动，却没有展翅高飞的本事，通常会跌得头破血流。

不可否认，做人要有“初生牛犊不怕虎”的精神，但是在真正的竞技场上从来都是靠实力说话。无论在团队中为指引方向，还是在重要场合发声，你都要成为思路宽广的人，对行业本质有清醒而深刻的认识，具有真知灼见。否则，没有人耐心倾听你高谈阔论。

马云从来都是“有实力再叫板”的实践者，一旦发声就定义新的市场逻辑，令人望而生畏。这一点，从阿里巴巴和淘宝的成立过程中可以看出来。

阿里巴巴刚刚起步的时候，一切还未步入正轨，只能偏安一隅，做个默默无闻的小角色。提起“阿里巴巴”这个名字，大多数人首先会想到《天方夜谭》里的经典故事《阿里巴巴和四十大盗》。当时，张朝阳、王志东已经在互联网的大餐桌上分到了珍馐美味，成为媒体的宠儿。那是沸腾的互联网新媒体时代，全世界的互联网处于典型的造势阶段。但是，阿里巴巴似乎与这些十分格格不入。

有人问马云，“大家都干得风生水起，红红火火，你在干什么？”马云回答：“我们在闭门造车。1999 年回到杭州以后，大家商量后决定，6 个月之内不主动对外宣传，一心一意把网站做好。”

为了进入 C2C 电子商务模式，马云费劲心思，全力以赴，终于决定创立淘宝。想法一定，大家马上行动，马云给团队下达命令，一个月后新产品上线，不成功便成仁。2003 年 5 月 10 日，经过 27 天彻夜奋战，淘宝页面成功上线。从这一刻开始，互联网上就多了 www.taobao.com 这个网址，直到今天已经成为再也离不开的朋友。

在接下来的日子里，淘宝继续默默无闻、不事声张地改进技术和服务。2003 年 5 月 10 日到 7 月 10 日，短短两个月的时间里，淘宝的成长速度大大超出了马云及其团队的预想。此时，马云觉得时机已经成熟，该向大众、媒体宣传自己了。于是，他通过媒体向大众公布，淘宝是阿里巴巴推出的一个网站，正式向电子商务的前辈们公开叫板，正式宣战。

当时，美国 eBay 易趣军团是中国电子商务市场的老大。如何迎战易趣，是淘宝最大的挑战，也是马云眼下最迫切的工作。

熟悉马云的人都知道，他是一个十足的金庸小说迷。为此，他在杭州举办“西湖论剑”活动，邀请金庸老先生参加。在一次“论剑”上，金庸提出了《养鱼论》策略，“如果这个网络不能大有收获的话，那么自己养鱼也可以。”

马云精确地读懂了金庸这句话，如果网民对网站的发展和贡献不是特别大，那么网中捕获的不过是一些小鱼小虾，整个捕鱼量肯定不理想，这种情况下应该怎么办呢？用金庸的《养鱼论》理解，就要自己养鱼，发展养殖业。大海捞针般地捕鱼，倒不如自己建个鱼塘养殖，还可能有个丰收年。

研究发现，易趣在中国市场上的占有率高达 90% 以上，当时中国互联网用户是 8000 万，而易趣 90% 的市场份额带来的用户只有 500 万。那剩下的 7500 万呢？马云看到了这些庞大的潜在“鱼苗”，意识到只要抓住这 7500 万就可以战胜易趣。

定下这个策略之后，马云按兵不动，没有和易趣叫板，尽量避免两军正面交锋。因为马云深知阿里巴巴和易趣之间的距离，贸然出击必然溃不成军。随后，马云悄悄地从阿里巴巴抽调主力人员到淘宝网，并且伪装成“个人网站”开始运营。随着淘宝网日渐强壮，马云终于可以举起淘宝网的战旗，威武地出现在 C2C 战场之上，正式对抗易趣。就这样，淘宝网抢占了大批市场，给了易趣重重一击。

比尔·盖茨曾说过一句话，“这个世界在你感觉自我良好之前，要求你有一番成就。”为什么普通人说话无人倾听，也没人喝彩，而有影响力的人随便说一句话就得到大家的拥簇？因为有影响力的人有过成功的经历，他们凭借实力和专业能力创造了一番事业，所以说话有底气，令人信服，也经得起考验。

这是一个靠实力说话的时代，没有实力，寸步难行。马云经常“口出狂言”，可是他说过的话偏偏成为许多人的座右铭，原因何在？因为马云先做到了，并且做得非常好，具备了令人信服的实力。

有大格局的人不会口无遮拦，说一些不着边际的空话。他们放低自我，沿着正确的方向踏实做好每件事，即使不开口也能影响他人。所以，他们一旦开口说话，总会有人驻足倾听，这才是真正的影响力。

第08章　马云谈奋斗

去做你害怕的事，害怕自然就会溜走

“很多人可以抄袭我们的创意，我们的模式，但是他们抄袭不了我们付出的努力和汗水。”在有生之年，努力是一辈子的护身符。当你走路喊累的时候，请不要忘记，还有人正跪着前行。

敢于做事业上的“疯子”

我见过全球那么多企业家，人家说我是疯子，实际上他们比我疯多了。

在世人眼里，马云绝对是一个异类。他一没资金，二没背景，三没技术，却用一个创意，加上一流的执行力、感染力、游说力，还有一流的运气，取得了石破天惊的成功。取得这样的成就，靠的就是一股疯子般的劲头。

早年，大家对互联网还没什么概念，马云却对电子商务迸发出热切的渴望。为此，他毅然放弃了大学教师的职位，这种做法的确有点儿“疯”。

创业之初，马云和朋友们不得不担负起普及互联网的重任。介绍这个新事物的时候，大多数人会投来异样的眼光，觉得太不靠谱，尤其不理解马云等人每天说这些奇奇怪怪的话。每当想起那段日子，马云都会无限感慨：“那时候真可以说是惨不忍睹啊，我们就像骗子似的，处处被人提防。”

为了让大家了解互联网，马云始终激情昂扬，从不放过任何宣传的机会。没钱做广告，他就带着团队挨家挨户讲解。在杭州的大排档，马云曾经跟一边吃烤串一边喝啤酒的人大聊互联网，说到兴起时还手舞足蹈。

作为疯狂的推销员，马云被很多人视为异类。然而，这些都不能阻碍他对互联网的热情，对电子商务的钟爱。后来，有人问马云为何这么做，他说：“我有一副天生的好口才，为什么不能在大街上宣传我的公司呢？”

或许是马云的激情和执着感动了上天吧，经过一段时间的努力，他们终于有了第一单生意，实现了历史性的突破。这离不开马云及团队的坚持，当然也要感谢他们的第一个客户。

无论在工作中有所建树，还是在事业上有所突破，都要付出艰辛的努力。如果缺少马云疯狂推销互联网的精神和干劲，就不可能有一番作为。其实，“疯子”是对一个创业者最高的赞美。如果一个人想打造自己的事业王国，绝对不能少了疯狂行动的魄力。

人们选择在冬天游泳的时候，一般会有三种方法适应冷水。第一种方法是选择将池里的冷水撩到自己身上，慢慢地适应冷水的刺激。第二种方法是选择站到池子里，慢慢蹲下去，逐步适应冷水的温度。第三种方法是在做完热身运动后，一个猛子扎到池子里。

上面这三种方法，安全性逐次减少，感受到冷水的强度也逐次递减。毫无疑问，第三种方法最疯狂，也能在最短的时间内适应冷水。一跃而下的人要忙于应付游泳，反而忽略了水有多冷。

对年轻人来说，做事就像冬泳一样，每试探一次就多一些胆怯，为了安全起见迟迟不肯行动，甚至还会取消计划，回到安全温暖的地方。有冒险精神的“疯子”毫无顾忌，他们全身心地投入，破釜沉舟，常常忙于应付眼前的重重困难，哪有时间担惊受怕呢?

马云曾说：“你可以失败，但是你不能失去做人的执着。”如果有一个梦想，就应该倾尽全力实现。年轻人最怕胡思乱想，意志不坚定，最后一事无成。有大格局的人不会畏首畏尾，他们敢想敢干，充满冒险精神，拥有“疯子”一样的激情，为自己的梦想奋斗不息。

凭自己的力量先做成功一件事

力量还很渺小的时候，必须非常专注。

孔子说：“《诗》三百，用一句话来概括，就是思虑没有邪念。”思虑没有邪念就是德。《老子》中也有“上德不德，是以有德”之说，意思是最高尚的德者不标榜自己有德，因为不刻意求取，所以有德。运用到实践中来就是，思虑没有邪念，专注就会胜利。

马云是一个非常“执拗”的人，一旦认定了一件事情，就会心无旁骛，不惜一切代价完成。凭借这种专注精神，他完成了一次又一次华丽的转身。

创业之前，马云已经是杭州十大杰出青年教师，在学校驻外办事处当主任，在旁人的眼中绝对算得上“前途光明”。但是，他舍弃了在这条路上继续发展的机会，选择了互联网这一全新领域。

不是计算机科班出身，也不懂计算机技术，更没有管理经验，马云风雨兼程开启了创业之路，让许多人捏一把汗。

事实上，理想与现实中间总是存在着一个巨大的沟壑，即便理想再丰满也会在残酷的现实面前变得干瘪。为此，马云在自身力量并不强大的时候，采用了“好钢用在刀刃上”的经营策略。在马云看来，力量小不可怕，市场竞争激烈也不可怕，可怕的是“心太大”，用不足的实力做“大”事情，结果自然是蚍蜉撼树，自不量力。

从创业至今，马云遇到过很多次诱人的发展时机，但是他回到杭州“一心一意”做网站，坚持做成了 B2B 模式，使其成为商业模式的典范。

在 21 世纪初，这种电子商务模式一度被公认为“无法盈利”。当时，马云的耳边整天都在充斥着负面言论，比如“如果阿里巴巴能成功，无疑等于把一艘万吨轮船抬到喜马拉雅山顶峰上面，根本不可能”。

对此，马云并未放在心上。为员工开会时，他激情昂扬地说：“别人怎么说，没办法的事儿，你自己要明白去哪里，能为社会创造什么价值。我们希望创造一个真正由中国人创办的让全世界感到骄傲的伟大公司，那是我的梦想和我们这一代人的梦想。”

多年来，马云一直坚持着“B2B”梦想。2003 年“短信平台”异常火爆，许多公司赚得盆满钵满，但是阿里巴巴在一心一意做“B2B”；2005 年，网络游戏成为互联网行业的“宠儿”，阿里巴巴依然心无旁骛地坚持做电子商务。在马云看来，跟风是一件可怕的事情，它会打乱你的战略部署，扰乱你的前进方向，到头来可能一事无成。

在快速变革的年代，企业面临着越来越多的不确定性，生命周期呈现缩短的趋势。一个不争的事实是，十年前的《财富》500强，到今天已经有近40%销声匿迹了。许多优秀企业品牌能够走到今天，都有自己制胜的秘密武器，但是它们有一个共通的地方，那就是专注精神。

想做成一件事，首先要把自己“放空”，否则想迈开左脚往前走，很可能会踩到右脚的鞋带，其结果可想而知。

马云曾经深有感触地说：“一个优秀的CEO最大的使命就是对机会说NO，而不是寻找机会。”许多人常常把自身的失败归结于“没有遇到好时机”，可是只要遇到好时机就一定能够成功吗？少了专注精神，做任何事都不会有起色。

有大格局的人懂得集中优势兵力作战的道理。如果你只是一个初出茅庐的猎人，就算运气好突然遇到了10只兔子，也最好集中力量先追一只，否则什么也得不到。任何时候，只有坚持自己的东西，才能在竞争中立于不败之地。

在奋斗过程中，分散经营力量是最愚蠢的行为，一个有智慧的经营者懂得在竞争对手薄弱的地方选“攻克点“，懂得将有限资源集中到一处“突围”，懂得先凭借自身的力量做成一件事。只有这样，团队的潜能才会被激发出来，自信心才会强大起来，成功才会变得唾手可得。

永远比对手做得更好

纠结和疼痛就是参与感，我们必须每天爬山。商业社会永远存在竞争，永远会有比我们做得更好的模式和公司，永远会有令人惊喜或沮丧的创新变化。但是我们永远要努力比对手在推动经济社会正能量上做得更好，因为这才是阿里人的福报和机会所在。

2013年8月15日，作为中国第一个独立研发拥有大规模通用计算平台的公司，阿里巴巴正式成为世界上第一个对外提供 5000 台云计算服务能力的公司。马云意识到，云端 (Cloud + App) 将是未来移动互联网的关键，所以那一刻阿里的重心成了“全面从云打到端”。

手握当时全球最大的商品、用户、交易数据库，全球最大的支付平台和信用体系，全球最安全高效的云计算平台，马云有自己的谋划：“这些资源，我们要懂得分享和学会如何分享，从而构建更加低成本、高效率的商业社会，使更多人参与和建设新的商业文明。”

多年以来，马云始终保持一颗追求卓越的心，努力比对手做得更好。他时常提醒员工，必须保持危机意识，不要在竞争中掉队。

自公司成立以来，阿里巴巴一心一意专注于电子商务。经过多年努力，电子商务从冷门成为热门，成为今天的生活方式和热点。“今天，依托阿里巴巴集团的云计算平台，我们极大提升了集团运营效率，而且支撑了近千万企业的电子商务平台及无数无线产品开发者的创业平台，并越来越多地成为金融、医疗、政务、交通、气象等行业以及海量互联网用户的基础服务和应用。云＋端，我们内外兼修。”这是马云对创新和多元经营模式的理解和实践。

2014 年，阿里巴巴宣布进军手游业。凭借手中的财富和资源，马云想进入任何一个领域都不费吹灰之力；但是此次进军手游业，着实遭遇了一次小小的尴尬。

早在 2010 年 6 月，马云就清晰地表明立场：“我们坚定地认为游戏不能改变中国，中国本来就是独生子女家庭，孩子们都玩游戏的话，国家将来怎么办？所以我们不会在游戏领域投入一分钱。人家投，我们鼓掌，但是我们不做，这是一个不变的原则。”

马云一度宣称“饿死不做游戏”，然而现在要进军手游界，有人说马云自己打脸了，也有人嘲讽他为了钱不惜出卖灵魂。那么，支撑马云无视嘲讽，改变观念的根源究竟是什么呢？其实，这与马云多年的商业思维有很大关系。

不崇拜所谓的“绝招”吃遍天，只相信唯有善“变”者才可能占据更多的资源，获取更大的发展空间。凭借这一点，马云一次次开启了全新的财富闸门。毫无疑问，对游戏达人来说，马云进军手游是一件好事，更多低成本、更具娱乐性的游戏将在竞争中上市，提升行业发展水平。

互联网时代的市场经济已经不分专业与非专业，谁也不能再独揽某个领域的资源，所以游戏行业与网购行业一样，需要为更多人才和资金提供一个扎实的平台，让各路能人各显神通的同时坐收利润。

人生奋斗的过程即是不断超越自我的过程，也是重新认识和发现世界的过程。最重要的是，我们要有一颗追求卓越的心，永远比昨天进步，永远超越他人。

回顾整个人类社会的进步，其实就是一个不断认识，不断否定，不断试错，又不断创新的过程。尤其是在竞争环境下，你无法排除不确定因素，所以每一次努力就是一次试错。许多时候，成败已经不再重要，重要的是全力以赴参与进来，相信时间会把你变优秀。

好运气来自持续不断地努力

今天阿里是一家很有运气的公司，我们的运气来自于客户，来自于互联网，来自于中国，来自于我们每个人的努力。

有人曾经说过：“我选择为梦想颠沛流离，即使万般辛苦，也不会放弃。”怀揣着激情与梦想，为之不停地努力与奋斗，这是最帅气的身影。相信自己，憧憬明天，努力奔跑，这是每个人在工作中应有的情志与胸怀。

这个世界不曾亏欠每一个人努力的人。保持积极、奋进的工作情绪，通过不断努力收获梦想与财富，才能配得上更好的明天。

在阿里巴巴大会上，马云曾这样对员工说：“阿里巴巴有运气好的时候，也有倒霉的时候。只有在运气好的时候冷静地做事，才能在倒霉的时候避免陷入灾难。我相信有因就有果，这种报应很可能在我们运气好的时候就埋下了种子。如果不懂得感恩，不懂得感谢同事和公司，认为自己什么都可以做，总有一天会倒霉。我看过太多的公司，太多的人，都是在最幸运的时候埋下了倒霉的种子，一环套一环，最后厄运就来了。"

生活中，人们总是急于通过一件事来判断自己的运气好坏。孰不知，在人的一生中有运气好的时候，也有倒霉的时候，奋斗的过程中更是如此。无论你面对怎样的局面，只要具有处变不惊的心态，持续不断地努力，就能走出眼前的迷雾，摆脱当下的困境。

《赢在中国》这个节目中，有一个年轻人名叫谭曼生，有过两次创业失败的经历。第三次创业时，他仍未得到命运之神的眷顾，再次遭遇失败。这一次，他再也无法面对命运的打击，选择了通往另一个世界的道路———结束年轻的生命。

有一位记者在采访马云时提到了谭曼生，并询问他对于这件事的看法。对此，马云一开始并不相信，后来专门到网上查证。确定了这件事的真实性后，他对记者说："在创业的路上我们会遇到很多困难。但是对于这件事，我想对所有年轻的创业者讲两点，第一，假设有 100 个人去创业，有 95 个人会失败。在剩下的 5 个人当中，有 4 个人马上就要失败。也就是说，只有一个人可能成功，而且也不是一定会成功。所以，要学会正确地面对失败。

"第二点，作为创业者要明白这样一句话，痛苦地坚持，快乐地死去。没有坚持住，那么就很可能被困难压垮，这时候选择死亡，自己也不会快乐，因为你并没有全力地付出过。所以，创业首先要做好心理准备，要知道所有的困难都是一时的，而且最大的困难可能还没有到来。"

从马云的谈话中可以看出，在他的世界里没有天大的困难，他所要做的就是一路披荆斩棘，努力克服并时刻迎接更大的苦难。正所谓"越努力越幸运"，说的就是这个道理。

其实，马云和大多数人一样平凡，只是他比我们多了一份坚忍与信心。

靠着持续不断地努力改变命运，是所有成功者走向胜利的路径。

马云常把自己比喻成蟑螂，它是壁橱里可活，墙缝里可活，阴沟里也可活下去的昆虫。在奋斗过程中遭遇倒霉的事情，无论是客观环境或主观感受，不就犹如在壁橱里、墙缝里、阴沟里吗？如果因为过着这样阴暗的日子而灰心丧志，失去支撑下去的勇气，那就真的连一只蟑螂都不如了。

人生逆流成河，如果你想迈过人生的险滩，一定要坚忍不拔地活下来，持续不断地努力。度过最倒霉、最痛苦、最黑暗、最卑贱的时刻，好运就会降临，你会得到更多尊敬。而且，当你经历过那么多坎坷和逆境，以后再遇到风雨也就无所畏惧了。

从马云的身上不难看出，无论何时都不要自我放弃，即使在自己最倒霉的时候。更重要的是，永远都不要停止奋斗，别让困境束缚你的才华。运气好时坦然处之，倒霉时候冷静对之，这才是奋斗者应有的心态。

只有持久的激情才值钱

年轻人都有激情，但年轻人的激情来得快去得更快，持续不断的激情才是真正值钱的东西。

2001 年，马云接受邀请到世界著名学府哈佛大学演讲。当时，阿里巴巴刚刚步入正轨，哈佛教授希望听到阿里在金融危机中如何幸存。演讲结束后，在座的 35 个 MBA 学员当场拦住他，十分真诚地提出了“想去阿里巴巴工作”的要求。究竟是什么样的力量让这些精英争着抢着“回中国跟着 JackMa 一起工作”？其实答案很简单——激情。

对一名普通员工来说，只要充满激情地完成工作就可以了；如果你是一个创业者，一个企业家，光有激情还不够。在马云看来，真正有激情的人不仅自己热情、努力，还要去感染周围的人，并且这种激情是可持续的。

什么是持久的激情？马云说，“你可以遭遇失败，可以考试发挥失常，可以失去一个项目，可以丢掉一个客户。失败了，再来，再失败了，再来，直到成功为止。即使失败了，你也不能失去做人的追求，这就是激情。”事实上，马云正是凭借这种“生生不息的激情”，从一个普通“差生”走到了中国首富的宝座。

持久的激情是一种企业文化，它像提神的“咖啡”一样，当整个团队陷入“职业疲惫”“倦怠”“麻木低效”等亚健康状态时，一杯“咖啡”就能重新唤醒大家的“精气神”，赋予团队全新的生命力。

“我觉得你的激情也不错，我的建议是短暂的激情是不值钱的，只有持久的激情才是赚钱的，而激情不能受伤害……”这是马云在《赢在中国》节目组做嘉宾时，对其中一位创业者的精彩点评。许多人做事都有“激情”，但是往往“三分钟热度”，一旦遇到了难以克服的困难就开始打退堂鼓，如此短暂的激情显然无法激励我们走向成功。

中国不乏各行各业的成功企业家，然而像马云这样热衷于四处演讲的人并不多。从杭州到哈佛，一路演讲一路“激情”，他不仅用持久的激情激励着自己一直前行，还用自己的“激情”征服了无数观众，宣扬了阿里巴巴的价值观。

从创立至今，阿里巴巴经历过无数次危机，无数次在死亡线上垂死挣扎。面对互联网寒冬，马云挺过来了；公司账号里只有200元的时候；也挺过来了；非典差点让阿里巴巴分崩离析，易趣放话“淘宝只能存活18个月”……一次次处于各种各样的绝境，马云靠着创业“激情”支撑下来，迎来了胜利的曙光。

马云希望“阿里巴巴的员工有晚上干到十一二点，累到精疲力尽地回家，洗个澡，睡个觉，第二天又笑眯眯地来上班的激情”。其实，这看似容易实现的事情并不容易做到，尤其是年轻人激情来得快，走得也快。如果你想不负青春，在璀璨的年华里有一番作为，就要避免做事三分钟热度，坚持在长途跋涉中永葆激情。

有大格局的人不惧挑战，他们用梦想点燃激情，无论身在何处都斗志昂扬，敢于挑战命运的捉弄，在四面楚歌的绝境中冲出一条生路。显然，如果没有持久的激情，迟早会死于“精神枯竭”。

一个人可以没有优渥的家庭背景，可以没有卓越的才能，但是绝对不可以对自己感兴趣的事情丧失激情。如果你能做到这一点，所有的难题都会因为自己的激情迎刃而解。生如夏花，死如秋叶。既然我们活着，为何不活得精彩一些，为何不为我们的兴趣拼搏奋斗？在激情燃烧的岁月里，不要留下遗憾与不甘。请相信，只有激情似火，才能岁月如歌。

没有必要羡慕别人，做自己就好

成功的人每时每刻都会分享有价值的信息，传递给身边的朋友，在大家的心目中变得更有价值。但是，不要羡慕别人，做自己就好。

羡慕别人，不如欣赏自己。不要妒忌他人的活法，你的生活永远只属于你一个人，你的道路永远只能靠你一个人走，你的喜乐忧愁只有你一个人能体会。尤其是在奋斗之路上，坚持做自己才能成就独一无二的人生。

毫无疑问，马云是一个从不羡慕别人，只专注于做自己的人。不仅如此，他甚至一度从别人向往的圈子里跳出来，这才有了今天不可复制的成功。有大格局的人从不羡慕别人，不被他人的眼光左右，一心一意走好自己的路。

2007年11月，阿里巴巴以港币13.5元在香港挂牌上市。长期以来，坚持为中小企业服务让阿里巴巴集团获得了长足发展。但是，中小企业自身的发展存在局限，加上2008年金融危机爆发，阿里巴巴B2B业务升级动作一直不够彻底。基于发展需要，马云意识到私有化B2B公司势在必行。

2012年2月21日，阿里巴巴宣布每股13.5元私有化。当时，马云针对这一举动亲自发布邮件作详细解释——

2007年11月，B2B在金融危机爆发的前夜成功上市。过去的几年中，全球经济形势发生了很大的变化，但B2B作为整个集团的旗舰，作为家里的老大，为整个集团的发展，为中国电子商务的发展，特别是在金融危机下坚持为中小企业服务，做出了非凡的贡献，我们对此心怀感激。

但我们也清醒地意识到，随着国际国内经济环境的进一步严峻，特别是中小企业在面临原材料、汇率、劳动力成本等巨大压力下，B2B的业务模式面临着巨大的挑战，需要加快转型和升级。在这方面，我们思考过，痛苦过，也一直在努力。但受限于上市公司的架构，升级的决心不够大，动作也不够彻底。

2012年将是阿里巴巴集团实施“修生养性”战略的第一年，我们将全力修建开放透明、公正稳健的电子商务的生态系统。为了能够在未来形势下真正服务和帮助中小企业客户，我们必须强调整个集团的各个子公司之间的协调和配合。

此次业务升级涉及面广，系统复杂，规模巨大。对阿里B2B未来几年的收益肯定会产生较大影响。近几年的改革经验告诉我们，只有着眼于未来才能有美好明天。局部的小调整已经没有办法对B2B进行根本性的完善。

正是出于以上思考，出于对B2B股东负责，促使我们下决心把B2B私有化，对业务进行全面的调整、改革和升级，以期更好地服务我们的客户。

有人说我们上市的时候只融了17亿美金，但私有化要花20多亿美金，看起来是个赔本的生意，有人建议我们可以用低一点的价格把股票买回来。但这不是阿里巴巴的风格。对于一直努力着的B2B同事和一贯支持我们的股东，我们都心存感激。对于上市这4年多以来你们给予的支持和陪伴，我们决定以最大的诚意和尽可能公平的方式来表达我们的谢意和敬意。我们希望也必须给所有股东一次选择的机会。

就像当年上市是阿里巴巴发展的起点而不是终点一样，今天的私有化也绝不是终点，而是一个新的起点。B2B 的同事们，全体阿里人，我们身上肩负的责任没有变，我们要继续服务中小企业，要真正实现“让天下没有难做的生意”，我们就必须改变自己。

这封邮件是马云对股东诚意和企业家个性的完美再现，他没有沉溺于眼前的成就，而是继续坚持马云式做派，坚持做自己，力图让阿里巴巴在充满竞争的商业浪潮中继续狂奔。

奋斗的过程中，很多人看到别人的成功羡慕之至，几番挣扎后选择放弃原有理想，扭曲本身个性，最后在盲目的模仿和追逐中走向迷途。千帆过尽后，你会发现原汁原味的自己才是最好的，因为每个人都是独一无二的，都有特定的潜能与才华需要被激发出来。

生活中，做最好的自己，不活在别人的影子里，自然会少了患得患失的忧虑。在纷繁复杂的人生里，平平淡淡才是常态，永远活在自己的心境中，就不会被外界打扰。攀比不可取，静下心来独立思考，不被外界的杂音所干扰，不被他人打乱自己的节奏，内心就会安定自然。

第09章　马云谈失败

困难时，请学会用左手温暖右手

岁月不可回头，真正拼过就是活过。人生逆流成河，不过是它原本该有的样子，最重要的是别对生活失去希望，勇敢走过人生的鄙夷与不屑，活出你最精彩的样子。

在最艰难的时候说“我能”

一个公司往往在最辉煌的第五年后的一两年时间里，在第五年第六年开始失败，我们是不是经历得住一次又一次的打击？我们希望在最困难的时候说：“我能！”

作家奥斯特洛夫斯基有一句名言：“人的生命似洪水在奔流，不遇着岛屿、暗礁，难以激起美丽的浪花。”只有经得起逆境考验的人，才能成为真正的强者。唉声叹气不是办法，幻想憧憬也不是办法，只有信心十足地付诸行动，才能走出困境。

在马云的奋斗历程中，从1995年到1999年这5年时间最难捱。期间，他经历了无数艰辛、苦难、挫折和失败。多少酸甜苦辣，多少伤痕，多少泪水和汗水，多少委屈和打击，多年后回首往事，马云感慨万千：“许多事都可以写成电影剧本。”

“五年苦难是我们最大的财富，也是成功的重要原因。别人可以拷贝我们的网站，但无法拷贝我们五年的苦难。”虽然遭受这么多重大挫折，但是马云从不在逆境面前低头：“这些事太多太多。每次打击，只要你扛过来了就会变得更加坚强。我又想，通常期望越高，结果失望越大，所以我总是想明天肯定会倒霉，一定会有更倒霉的事情发生。那么明天真的有打击来了，我就不会害怕了。你除了重重地打击我，又能怎样？来吧，我都扛得住。抗打击能力强了，真正的信心也就有了。”

没有成功之前，你的一言一行都不被重视，甚至有人对你的创意进行诋毁。马云有过多次不被外界看好的经历，那时候他在想什么呢？马云默默告诉自己，这点儿困难与挫折算得了什么？在顽强信念的支撑下，他在困难重重中并没有止步不前或是选择放弃，而是急流勇进。

在最艰难的时刻,马云对自己说“我能”,不但硬撑着度过了艰难岁月，还提早了解到小商贩和销售的艰辛，这为他日后创办电商平台积累了经验。在创业的遥遥征途中，马云从没有灰心丧气过，在重重的困难面前时刻保持着清醒的头脑，“我能”成了他最忠诚的座右铭。

每个人都有最困难的时候，如果此时你在想自己多么无助，便会更加无助和孤独。在马云看来，一个人在最孤独、最糟糕、最困难的时候，千万不要去想当时的困难。他的理由很简单：当一个人身陷绝境的时候，往往会失去理性而不冷静，对困难屈服，会让困难越来越强大，最终丧失斗志。这时，如果说“我能行”，困难往往会被拦腰折断，你说你“能”，你便是真“能”。

上帝为你关上一扇门，一定会为你开一扇窗。不要苦恼于生活带给你的种种烦恼，不要伤心于生活中的种种失败。无论前进的道路上遇到多少荆棘，那都是最美好的风景，一定要学会微笑面对。失败与挫折，成功与名利，在我们漫长的人生里不过是过眼云烟，最终变为记忆。一切都会过去，只有微笑着走完一程，才是最精彩的人生。

在马云的字典里，竞争越来越激烈，越来越残酷，越要对自己说“我能”。马云认为，“我能”是一种自信，是一种勇气，是一种动力，更是一种自我肯定与鼓励。面对残酷的现实，走在布满荆棘的创业之路上，我们能做的是擦干泪水，向马云那样大喊一声：“做最好的自己，我能！”

把逆境当作成长的机会

遇到问题时，我习惯用左手温暖右手。要不断告诉自己，没关系，我还是我，我还在学习成长，一切都会好的，至少我还活着。

与马化腾、李彦宏等互联网企业家相比，马云的创业经历似乎更为坎坷。作为局外人，我们看到的只有马云成功时的辉煌，以及活跃在各地演讲台上“意气风发”的身影，但对于其所经受的苦难却知之甚少。

在杭州电子工学院教书期间，得益于高超的英文水平，许多人找马云做翻译。于是，他顺风顺水地成立了海博翻译社。谈到这家翻译社的创立初衷，马云毫不避讳地说：“我白天要上课，没时间做翻译，很多老师退休以后在家里没事干，工资又少，所以想成立一个翻译社，作为一个中介机构为大家服务。”

尽管马云成立翻译社的第一目标不是赚钱，但是这个小公司既然成立了，要想存活下去必须盈利。翻译社的日常运转需要资金，可是营业额过少根本无力支撑。困难摆在马云面前，要么关门大吉，继续老老实实当英语老师，要么想办法克服运转资金不足的问题。时至今日，外人很难体会到马云当时无比纠结的心境。

马云是一个有责任感的人，他没有让翻译社关门大吉，而是选择扛起包袱继续前行。为了解决资金问题，这个大学老师开始做起了小商品贩卖生意。随后，马云亲自到义乌小商品市场进货，鲜花、礼品等小玩意成了翻译社的“救星”。后来一算账，他吃惊地发现倒卖鲜花礼品可以月入三四千元，而翻译业务一个月的营业额不足 500 元。

继续开翻译社，还是转行做更赚钱的鲜花礼品销售？当时马云再次陷入纠结，最后他不忘初心，仍然选择继续做翻译社。创业路上注定充满各种各样的诱惑，是被诱惑吸引还是继续坚持自己，这不仅仅是一个简单的选择，而是关系着未来发展方向，以及自己的人生走向。

没有谁的创业之路是一帆风顺的，只要内心笃定，即使缺衣少食，前有埋伏后有追兵，也照样能够走过逆境。每一份成功的荣耀背后都有无数的汗水与鲜血，马云在创业过程中栽过不少跟头，也曾跌得头破血流。

2001 年到 2002 年底的互联网寒冬，让人记忆犹新。对马云来说，那是一个无比漫长而又寒冷的冬季，看着身边的互联网公司一家一家倒下，看着公司账户上的钱越来越少，看着员工的士气越来越低落，马云承受着巨大的心理压力。

做任何事情都要经历一番磨难，方可进入绝佳的发展状态。对我们来说，逆境和挑战是弥足珍贵的成长机会。

许多时候，很多创业者并不是被市场打败，也不是被竞争对手打败，而是死在绝望中。越是困难的时候越要学会乐观看待一切，否则无法战胜困难，更无法走出绝境。“创业的时候，我的同事可能流过泪，我的朋友可能流过泪，但我没有，因为流泪没有用。”马云是一个非常乐观的人，即使在阿里巴巴非常困难的时候，他也没有一句抱怨，反而主动给员工鼓劲、加油。

“天将降大任于斯人也，必先苦其心志，劳其筋骨，饿其体肤，空乏其身，行拂乱其所为，所以动心忍性，增益其所不能。”如果想有一番作为，同样会经历困难与挫折的洗礼。面对挫折和打击，如逆水行舟，不进则退，一旦“心生退意”就会立即溃不成军。能够笑到最后的人，都有一颗强大的内心。

人这漫长的一生，遭遇逆境的时候很多——成绩退步，考试落榜，工作不保，家庭不和，亲人离世，惹病上身……关键是，无论遇到怎样坎坷，都要坚定信念，所有的不幸都可以是你成长的契机。

99次创业失败，换来一次成功

即使是泰森把我打倒，只要我不死，我就会跳起来继续战斗！

不堪一击的花朵出自温室，高可参天的大树来自险峰，平静的池塘培养不出优秀的水手。恶劣的环境或危险的强敌，会让人们时刻准备着迎接挑战，催促人们在奋力拼杀中闯出一条血路。任何时候，谁能勇敢走过人生的鄙夷与不屑，谁就能成为时代的强者和赢家。

对马云来说，2014 年是具有里程碑意义的一年。这一年，阿里巴巴集团在纽交所成功上市，马云则以“互联网精英”的身份成为中国首富，达到个人声望的巅峰。

正所谓“台上十分钟，台下十年功”，马云今天的财富、地位、荣誉着实令人艳羡，但这绝不是一种偶然。在互联网行业流传着一句话：要比富，马云比你富；即便是比惨，你也未必比得过。事实上，马云在创业过程中犯了许多错误，其中有不少是致命的。

阿里巴巴最初只是一家蜗居在居民楼里的小公司，早年为了节省开支，公司员工吃尽了苦头。后来，马云拿到了第一笔融资，一度被眼前暂时性的胜利迷住了双眼，忘记了居安思危。迅速膨胀的自信心促使他做出了公司创立以来最严重的一个错误决定——搬家。于是，阿里巴巴总部搬到了美国，国内总部搬到了上海。

然而“搬家”后不久，阿里巴巴像一个“背井离乡”的人突然就水土不服了。显然，追求“高大上”的心理让马云丧失了理性精神。犯错并不可怕，可怕的是明知错了却不改正，马云很快将公司总部重新迁回杭州。劳民伤财的“搬家”让阿里巴巴元气大伤，也让马云成了一个从美国纽约灰溜溜撤走的失败者。

马云从来就不是一个服输的人,他的生存哲学只有两个字——坚持。“即使是泰森把我打倒，只要我不死，我就会跳起来继续战斗！”随后，马云坚持稳健的发展原则，带领阿里巴巴驶入了快车道。

阿里实现盈利之后，先后获得了高盛、软银等公司500万元、2000万美元的投资。获得大笔融资本来是好事，然而阿里巴巴经营节奏严重失控，危机再次出现。2000年，马云依靠大笔融资开始了“全球扩张”之路，从香港到韩国，从欧洲到美国，一掷千金的市场推广，不断扩充的团队成员……在没有任何收入的情况下，每月的日常开销演变成了一个天文数字。结果，快速的大额消耗让阿里遭遇了重大的财务危机。

大跃进式的扩张导致公司风险大增，随后马云迅速召开会议，下达了裁员减薪的“过冬”政策。仅仅一天，美国团队就从40个人变成了3人，其裁员幅度可想而知。好不容易建起来的班子一下子削减至此，难道马云不心疼吗？在失败面前，一切就是这么残酷，阿里要埋单，马云同样也要长教训。

用“一胜九败”形容马云的奋斗历程，一点儿都不过分。在很长一段时间里，马云从来不是一个幸运儿。幸运的是，他经得起失败，内心异常强大。有过多少次深夜无眠，马云自己都记不清了，最重要的是无论失败多少次都坚持干下去，直到成功那一刻来临。

逆境总是与人生相随。成果未得，先尝苦果；壮志未酬，先遭失败，这样的情况在生活中比比皆是。一个人追求的目标越高，就越能敏锐地感受到逆境的存在。先哲说：“所有的危机中，都藏匿着解决问题的关键。”人生的挫折和苦难中都蕴含着成长和发展的种子。然而，能够发现这颗种子的人并不多，所以世上多是平平庸庸之辈。

奋斗之路上难免遇到瓶颈、低谷，甚至进入“濒临生死”的危险境地。生死存亡的时刻，坚持显得至关重要。忍不住想放弃的时候，不妨在心底里反复告诉自己：失败是成功之母，多坚持一秒就多一分成功的希望。试想，没有经过多次失败的洗礼，成功的果实又怎能经受住狂风暴雨的考验呢？

只有输得起的人才能赢得起

阿里巴巴今天的成功绝不是奇迹，我用了很多年努力去经营去尝试，从不看别人是怎样成功的，我这么多年一直总结的是别人的失败和自己的失败，而且我从不怕失败。

通常，人们只看得见成功者最后的风光，却忘记了他们途中的挫折与艰辛。比尔·盖茨和乔布斯，当年只不过是两个车库小子，求着别人收购多次被拒绝。马云也有过穷困潦倒的日子，为了给员工发薪水日日奔波。

凡成就大业者，都曾有过生死存亡的时刻，也都有过创业失败的经历，但是他们没有放弃最初的梦想，即使众叛亲离也坚守着梦想，因为“输得起”，最后赢得很漂亮。输了能爬起来的人，总归有赢的机会。一输就倒地，再也没有勇气翻身，才是真正的失败者。

2014 年，马云宣布以 12 亿元投资获取广州恒大 50% 的股权，称足球改革成了他最大的乐趣。8 月 27 日，他来到广州天河体育场，观看在此举行的亚冠联赛。赛前，马云与恒大球员见面，这样说：“我知道这场比赛对所有人都非常重要，我希望你们像男人一样去战斗。所以，这场比赛我们将设立一个男人奖，无论输赢，都会奖励 2000 万。”

不过马云表示，并不希望恒大队为这 2000 万踢球。“这场比赛的‘男人奖’是 2000 万人民币。但我们不是为了钱踢球，是为了一种精神去踢——我们赢要像一个男人，输也要像一个男人。”

短短一句话，足以看出马云是一个输得起的人。人生有时就像一个大赌局，谁也不可能总是赢家，谁也不可能总是输家。有的人输不起，不能正确面对挫折或失败，于是遭遇坎坷的时候思想就崩溃了，进而自暴自弃，或者走上不归路。这是人生最大的不幸。

其实，认输本不是一件丢脸的事。相反，它是一种大度，一种气概。在考试、竞技等各种比赛场上，输赢构成了对立统一的矛盾体：输的人垂头丧气、无精打采；赢的人则欢呼雀跃、兴高采烈。

“输得起的才是最后的赢家”，这是马云很喜欢的一句话。在他看来，如果在奋斗之路上没有坚强的意志和勇敢的心，即使经受再小的风雨也会倒下。人生之路本来就是一条充满荆棘的不平路，又何苦急功近利呢？失败算什么？认输了又能怎样？你不必理睬这些暂时的失意，只要努力地积累实力，朝着梦想奋进，一定会获得转机。

有大格局的人内心强大，他们“输得起”，既在心态上胜人一筹，也在实力上不逊色于人。没有人能随随便便成功，眼前的荣光与璀璨都是靠努力、奋斗换来的，背后究竟受了多少委屈，很少有人知道。最重要的是，无论面对怎样的局面，都要放大格局，千万不能抱怨、退缩，表现出一副弱不禁风的样子。真正的强者，永远不会气馁。

下　篇

马云谈经营哲学——天下没有难做的生意

马云创立阿里巴巴集团，打造了全球最大电子商务平台，年交易额达数万亿元。在他的带领下，阿里巴巴集团跻身全球企业市值前十，使中国在电商、互联网金融和云计算领域的国际竞争中居于领先水平，带动了一大批企业家和创业青年改革创新、锐意进取。

“让天下没有难做的生意”，这句口号成了阿里巴巴集团至今未变的企业愿景，也见证了中国经济和互联网消费市场走向繁荣。对于阿里巴巴的未来，马云一直认为，这家公司最大的价值不在利润、不在规模，而是能为世界、为未来解决多少问题，创造多少价值。

第10章　马云谈创业

创业成功需要眼光、胸怀和实力

创业者需要面临的风险和未知情况太多，经营格局不大的人很难在关键时刻把握方向，做出正确决策。不盲目跟从、不纵容贪欲、不轻易相信承诺、不虚荣……创业者“心智成熟”之时，也就是创业成功之日。

做生意不能完全凭关系

关系是最靠不住的东西，做生意不能凭关系，做生意不能凭小聪明，做生意最重要的是你明白客户需要什么，实实在在创造价值，坚持下去。

马云曾经在央视《赢在中国》栏目里说：“我没有关系，也没有钱，我是凭着扎扎实实的努力逐渐走向成功。我相信关系特别不可靠，做生意不能凭小聪明，做生意最重要的是你明白客户需要什么，实实在在地创造价值，坚持下去。”

在阿里巴巴的发展过程中，马云曾受到过两位省级一把手的关注和青睐，但是他并没有选择依赖与攀附。马云把“生意”这回事看得很清楚，“朋友”只能是商业关系中的一个工具，绝对不能把它当做靠山，否则你就被动了。

当然，马云不是神，不是天生就能看清这个真相，而是在经历中感悟，在教训中总结出来的。

创业起步时，马云把公司总部设在上海。当时，他在上海淮海路租了一间很大的办公室，做足了表面功夫，想借此“攀荣附贵”，通过一些有利关系为阿里巴巴的发展寻找捷径。那一年，他把所有心思都用在建立稳定且高质量的人脉关系上，导致企业面临着人才紧缺、实力匮乏的窘境。最后，不得不放弃上海根据地，回到北京。

回忆起当年的情景，马云感慨道：“当时的上海似乎很怕我们这样的创新公司，因为上海比较喜欢跨国公司，喜欢世界500强，很难接纳刚刚起步的民营企业。在上海人看来，我们都是乡下人。”可想而知，在这样一个城市里，建立起商业上的信任和依靠关系是多么困难。这是马云转变“靠关系杀出一条生路”这一观念的重要原因。

此外，马云对“关系”不信任，还源于另外一件事。

1996年初，中国黄页正面临资源短缺、资金匮乏、信息不足的严重困扰，马云已经拖欠员工好几个月工资。生死攸关之际，他决定找一个靠山，渡过此次劫难。于是，经过几轮沟通协商，阿里巴巴最终与杭州电信达成合作。

1996年3月，中国黄页将资产折合成60万元人民币，获得30%股份；杭州电信投入资金140万元人民币，获得70%股份。

但是，双方很快出现了分歧。马云的目标是打造中国雅虎，并为此制定了一整套品牌培育策略。杭州电信却等不及长线钓大鱼，急于获取眼前利润。随后，马云提出的几个品牌方案先后被大股东否决。双方矛盾日益加深，个性倔强的马云为了保住中国黄页，愤然选择离开。

另外，2014年5月份，有传言称阿里巴巴将入股绿城足球，马云却回应说自己从来没有向绿城提过要购买足球俱乐部。双方只讨论过对绿城教育（内含足球学校）、医院等进行公益性的投资。在马云看来，虽然双方在合作上达成过共识，但是创业者不是侠客，商业投资更不是赌博，绝对不能意气用事，更何况要花公司的钱。自由买卖、公平交易是商业的原则和底线。

这些经历让马云认识到，关系不是万能的。商业的最终目的是利润，如果创业者不能给合作伙伴带来利润，一切关系就形同虚设，毫无价值。所以，对创业者来说，尤其是在创业初期，虽然面临许多坎坷，但是千万不能盲目地崇拜高质量的社会关系。

毫无疑问，良好的社会关系有助于创业成功。但是，如果过分依赖关系而忽略了商业规矩，那么就有可能人财两空。人际关系，尤其是商业关系，是人与人之间通过长时间交涉、合作逐步建立起来的，虽说其中积攒了足够的默契与信任，但都不足以作为我们经营企业的依赖。

商场如战场，每个商业圈子就是一个小江湖。但是，创业者不是亡命天涯的侠客，我们必须小心翼翼地在险恶的市场环境中求生存。生意不是赌博，你做不到荣辱一人担，每个企业背后都有一张千丝万缕联结起来的网。无视规矩、意气用事就会害人害己。

找最适合自己的项目，而不是最赚钱的

第一次创业的时候，你想做什么，到底要做什么？不要受外界影响，你要自己确定今天就做这个事情。

创业者在选择项目的时候，往往陷入迷茫。那么多项目，那么多机会，好像哪一个都能赚钱，好像哪一个都可以做。请牢记，创业者的自身能力是能否创业成功的决定性因素，你选择的创业项目从一开始就决定了创业的成败。

马云曾经说过，创业的时候，人和项目是相辅相成的，优秀的人必须有优秀的项目才能成功，而优秀的项目也必须由优秀的人来做才能实现。选择项目的时候会受到很多因素的影响，为此决策者要着重分析团队能力、创业时机等因素。

显然，如果你对选择的行业知之甚少，甚至想涉足一个全新的领域，那么创业成功的难度就会相当大。

马云十分清楚隔行如隔山这个道理，虽然社会生活中每个行业之间联系十分紧密，但是它们都有外行看不到的行业壁垒。无论你是一个已经在商场打拼多年的老手，还是一个初出茅庐的菜鸟，如果想涉足一个自己并不熟悉的领域，一定要慎之又慎，否则就会出现大麻烦。

当初，马云之所以选择了电子商务，是因为当时的网络刚刚起步，而他又恰好在美国接触到了互联网这个神奇的东西。换句话说，马云在中国已经是第一批接受互联网的人群。当时，他联系了一些朋友，也就是后来的阿里巴巴创业团队，他们的互联网技术超过普通人，这个团队

在当时已经足够优秀。

那时候，互联网刚刚起步，而且在互联网上几乎搜索不到中国企业的任何信息。马云只是在互联网上随意发布了一条有关中国企业的消息，就立刻有外国企业回复，想深入合作。马云认为这是一个全新的市场，也是一个全新的机会，于是果断投身电子商务。

当然，对一个行业足够了解并不意味着可以轻易取得成功。创业者需要发挥自己的优点，充分发扬自己的长处，以学习的心态做事，妥善应对各种挑战，才能有所收获。

如果想在事业上取得成功，在创业之路上有所作为，必须不断地累积自身的优势和不断地成长，才能将自身的优势转化为最后的胜势。如果只积累优势却不与时俱进，不成长，那么在这个更新换代速度快得惊人的时代，昨天的优势可能就成为了今天的劣势，最终被时代抛弃。

总之，创业者不能三心二意、盲目跟风，不能看着哪个项目赚钱就冒冒失失地进入，更不能打一枪换一个地方。创业者要一心一意、集中全部精力做自己最熟悉的、最适合的行业，这样才可能成功。否则，你只能成为市场的旁观者，最后在市场竞争中被淘汰。

为了生存，不能贪大求全

做企业要量力而行，一步一步慢慢来，别贪多嚼不烂，要走稳后再学跑。

很多失败的创业者都有一个通病，那就是贪大求全，什么都想做，结果往往功败垂成、一无所获。创业阶段最重要要的是无论你做什么，要把它做精做透，将全部精力都投入进去，不被其他事物干扰。一味地贪大求全，只会让还处于起步阶段的公司陷入绝境。

马云就犯过贪大求全的错误，在阿里巴巴成立之初追求规模效应。

公司成立不到一年，阿里巴巴的员工在全球范围内就达到了 800 多人，而且他们来自十几个不同的国家和地区。当时，马云在世界范围内四处宣传，在欧美国家进行了多场演讲，让阿里巴巴成为全球媒体争相报道的对象，一时间风头无两。

危机总是隐藏在美好的表象之下，当时马云也没有发现即将到来的互联网“冬天”。不久，全球范围内遭遇了网络泡沫破裂的危机，许多互联网公司瞬间从天堂掉进了地狱。刚刚崛起的阿里巴巴也没能幸免，迅速带来的弊病全部显露出来。

阿里巴巴发展速度过快，甚至超过了同时期的 Yahoo，这对一个新公司来说无疑是致命的。加上公司规章制度不完善，内部文化冲突严重，结果阿里巴巴管理上一片混乱。

此外，为了实现全球化的战略，阿里巴巴进行全球扩张，在许多国家都设有独立的办事处，结果投入成本很高，但是并没有带来与之相衬的回报。有一次，马云在德国演讲，结果全场只来了 3 个人，余下的 1400 多个座位都是空的。最后，他硬着头皮完成了演讲，但是觉得非常丢人。

外表看起来一个跨国性的大公司，但是只有高层人员才能看出在光鲜外表之下的混乱状况，马云终于认识到前期盲目的扩张是错误的，由此陷入了深深的思考。随后，阿里巴巴高层针对公司发展战略进行了讨论，马云决定执行收缩战略，不再贪大求全，也不再幻想什么国际化、全球化。

2001 年，整个互联网行业遭遇了寒流，很多国内的互联网公司纷纷转型，规避这次危机。马云总结了前期求大求全的教训，深刻总结了自身的错误，选择在互联网行业坚守。

一年后，马云终于等到了互联网行业回暖，各大门户网站也逐渐开始盈利，阿里巴巴网上用户也超过了 400 万。这时候，有很多新兴的互联网项目出现了，每一个都很诱惑人，而且阿里巴巴还拥有着其他公司没有的众多注册客户，想做什么都非常容易。

当时，马云面前有三个选择：第一，像搜狐和网易一样发展短信业务；第二，进入网络游戏领域；第三，继续坚持电子商务的老路。

马云吃过贪大求全的亏，这一次他没有选择发展新业务，而是继续坚持着电子商务这个最初的目标，而且宣布阿里巴巴当年的目标就是盈利一元钱。一元钱不难赚，盈利一元钱代表着阿里巴巴成功扭亏为盈，这个目标激励意义远大于实际意义。

当时，很多人认为马云的选择并不明智，放着大好的机会却把珍贵的资源投入一个不成熟的领域。但就是这种不明智，成就了马云，成就了阿里巴巴，最终有了电商帝国的伟业。

创业者失败的原因往往不是没有机会，而是机会太多。大部分创业者在众多机会面前挑花了眼，失去了方向，也忘记了最初的目标。今天试试这个，明天做做那个，虽然看起来每个项目都赚钱，实际上没有一个项目有竞争力，最后只能被市场淘汰。

理想和目标需要一步步实现，制订难度过大的目标，或者不能专注地追求一个目标，都会让创业者在中途失败。无论做什么都要设定一个合理的目标，踏踏实实走好每一步，即便遇到危机也会从容许多。

别把没钱当做创业失败的借口

没钱不是创业不成功的借口，别拿小钱不当钱。

很多人创业的时候经常抱怨：我没有钱，如果现在不得到一大笔资金，哪能做出业绩？在他们眼里，创业不仅需要钱，还需要大钱。没有人否认资金的重要性，但是缺乏资金恰恰是创业的常态，如果总是拿“没钱”当借口，到头来往往会一事无成。

马云的创业经历告诉我们，没钱照样可以创业，小钱同样可以发挥大作用。概括起来，马云有过三次创业经历，而且创业之初都缺少资金。

第一次是创办海博翻译社。

当时，杭州很多外贸公司需要大量外语翻译人才，马云看到这个市场机会，决定大干一场。1992 年，当时马云 28 岁，工作 4 年，是杭州电子工业学院一名普通的青年教师，每月工资还不到 100 元。就是在这种条件下，他说服了几个合作伙伴，一起踏上了风风火火的创业之路。

不出所料，缺钱成了翻译社发展的第一大难题。第一个月，仅仅有 700 元收入，而当时每个月房租 2400 元，严重的收支失衡让很多合作伙伴慌了神。为了维持翻译社的日常开销，马云干脆推销内衣、礼品等小商品，期间受尽了白眼和侮辱。整整三年，翻译社靠马云百折不挠的推销行动勉强为生。

后来，海博翻译社终于渡过难关，摇身变为杭州最大的专业翻译机构。虽然这个成就不能跟阿里巴巴的传奇同日而语，但马云用行动告诉青年创业者们：小钱也是钱，小钱的积攒同样可以撑起一个企业的明天。

第二次是创办中国黄页。

中国黄页最初是一个功能简单、设计粗糙的网站，其创意缘于马云在美国的一次经历。当年，马云在美国参观一位朋友的网络公司，见识了互联网的神奇，惊觉其巨大发展前景，随后立即回国做互联网。

和第一次创业一样，马云创办中国黄页的时候只有 6000 元积蓄。钱少没关系，他开始变卖海博翻译社的办公家具，再加上跟亲戚朋友借来的钱，终于凑了 10 万元。对一家网络公司来说，虽然 10 万元显得太寒酸，但是马云看重每一分钱，精打细算地购置系统、吸纳人才。度过重重危机后，中国黄页终于飞上互联网的枝头，轰动一时。

第三次是创办阿里巴巴。

虽然有了前两次的创业经历，但是阿里巴巴刚刚成立时依然难以摆脱钱不够用的状况。当年，50 万创业基金也是 18 个合伙人勉强凑来的。中间的创业历程在这里不再过多赘述，但是马云就是靠着这些东拼西凑来的“小钱”，历经多年拼搏开创了电子商务新世界。

“小钱是大钱的祖宗”，创业者要依靠小钱起家、发家，让每分钱都发挥应有的价值。调查发现，国外90%以上的富豪都是靠小本经营起步，剩余不到10%的人才是靠继承家族产业发家。所以，不积小流无以成江河，别把5分钱不当钱，这样你才能知道如何利用好手里的每一笔小钱，搭建出一个宏大的成功殿堂。

成为最后一个倒下的人

在别人最冷的时候我们把门关起来，去把我们的产品做好，我们即使跪着活，只要活着一天，我们就赢了，等春天来的时候我们就会有收获。

与其他企业家相比，马云对“生存”有着偏执狂式的坚持，即便是面对危机，他依然坚信：“我困难，有人比我更困难，我难过，对手比我更难过，谁能熬得住谁就赢。”凭借这种信念，他在创业之路上一次次突围，笑到了最后。

2003年春天，“非典”突袭了全国。当时，阿里巴巴的员工无法正常上班，只能呆在自己的家中，但是公司的业务不能停，马云很快马云便制订了“化整为零”的办公政策。他让员工全部在家办公，没有电脑就把公司电脑搬回去用，没有网络就让技术人员把网络建立起来。

于是，阿里巴巴像“游击队”一样分散到了“民间”，业务没有受到任何影响。当时，所有拨打阿里巴巴电话的客户听到的第一句话都是“您好，阿里巴巴”，没人知道阿里巴巴工作人员分散到了无数个家庭中办公。

“非典”期间，马云用自己的“坚定”与“敬业”感染着每个员工。在他的带动下，许多员工在家办公依然不放松，为了能给客户留下好印象，阿里员工特意告诉家人，接到电话先说“您好，阿里巴巴”。尽管只是一个细节，却凸显了阿里巴巴旺盛的生命力，赋予了阿里巴巴顺利度过危难时期的能力。

虽然“非典”危机过去了，但是马云根本无法高枕无忧。在他看来，“一个企业像人一样有生命周期，从一出生就开始走向死亡”，如果不想让阿里巴巴那么快死掉，就必须想办法延缓“衰老”。这种“居安思危”的意识，让马云对互联网行业的经营环境和市场趋势非常敏感。早在 2007 年金融危机尚未到来之时，他就已经意识到“冬天要来了”，事实证明，他对金融危机的预测十分精准。

“优秀的企业家必须学会比别人提前适应环境，谁先适应谁就有机会。做企业至少是 5 年和 10 年的考虑，2 ~ 3 年的灾难不算什么灾难。”马云这席话与达尔文“物竞天择，适者生存”的进化理论颇为相似。实际上，企业的生存与物种的进化一样，如果不能熬过“寒冬”，那么就只能死在黎明前，唯有能够见到曙光的企业才能获得新生，进而蓬勃发展起来。

在 2008 年全球经济危机中，马云所承担的精神压力要远远大于 2002 年。2008 年，阿里巴巴的队伍变得更加庞大，B2B 平台、淘宝、支付宝……一旦阿里的大厦倒下，就会有成千上万个家庭受到直接影响，国内的整个互联网行业格局将会发生重大变化。因此，阿里不能倒下，马云也决不允许阿里倒下。

“我们不仅确保自己不倒下，还有责任保护我们的客户——全世界相信并依赖阿里巴巴服务的数千万中小企业不能倒下！”对于这一承诺，马云做到了，阿里巴巴做到了。或许正是秉承着对“生存”的坚持和执着，才会有今天的马云和阿里巴巴。

创业是一场冒险，随时可能面对不可预知的挑战和危机。经营者要具备格局意识，在“危机”面前放宽视野。比如，行业动荡与大洗牌往往是最好的“弯道超车”时机，当同行极力收缩市场时，不妨反其道而行之，迅速占领其市场份额，如此一来自然能够积累“过冬”的实力。正如股神巴菲特所说，“要在旁人贪婪时保持冷静，在旁人保持冷静时贪婪”，这不仅是投资的真谛，更是创业管理的精髓所在。

领先百步死，领先半步生

创业需要机遇，但是把握机遇需要掌握一个“度”，永远记住：领先百步死，领先半步生。

很多创业者经常问：如果企业进步不是那么快，会不会注定被市场淘汰？其实根本不用给自己那么大压力，你只需比别人快半步就可以领先很长一段路。

随着中国互联网市场的兴起和发展，一批嗅觉灵敏的创业者纷纷涌向这个虚拟地带。对于经历了商海浮沉的马云来说，如何在机遇面前把握好这个度，是他保持市场主权地位的关键。对此，他倡导“领先百步死，领先半步生”。

马云认为，如果让企业不落后于市场发展，在永远保持创新头脑的同时领先行业半步，是占领市场的一种最佳步调。“保持创新头脑”是要永远对市场和受众人群有敏锐的嗅觉、深入的洞察，对未来趋势有前瞻性的判断，时刻走在竞争力量的前端。但是，这种创新又不能局限于产品、营销的创新，还要保证整个体系在生产、研发、管理、运营上的全面创新，这样才有可能在未来市场格局中始终领先半步。

其次，团队力量也很重要。作为一个优秀的创业者，必须处理好企业、管理者、团队、上下游商业链的关系，只有多方共赢，才能减少企业坐稳领先半步位置的阻力。

当然，企业在发展的同时不能忘了自己承担的社会责任，这是提升企业形象的需要。一家企业如果只是单纯追求经济价值和市场利润，难免招致同行挖墙脚。基于这个考虑，马云时刻注意自己的企业家身份，把社会责任与企业发展紧密联结起来，做到用企业魅力服众，用产品赢得人心。

多年前，一块写着“中国人离信息高速公路还有多远？向北 1500 米”的广告牌竖立在北京白石桥路口。这是瀛海威公司打出的广告，白石桥路口向北 1500 米的魏公村就是瀛海威公司所在地。当年，马云看到这块广告牌后深受启发，后来创办黄页名片时就借鉴了瀛海威的创意，在名片上面写着：信息高速公路已首先在杭州开通。

1995 年，马云带着团队拜访了瀛海威创始人张树新。两人促膝长谈了半个小时，之后马云竟然说：“如果互联网有人死的话，那么张树新一定比我死得更早。”原因有二：第一，就当前的发展趋势，马云还理解不了张树新的先进理念；第二，张树新提出的理论比马云的理论更先进。对于远远超过时代进程的经营理念和模式，看似先进，实际上是一种类似于“大跃进”式的自杀。

办企业必须创新，必须要领先别人，但是也不能领先太多，走得太快难免要摔跤，理想的境界是“领先半步，进入无竞争领域”。如果想在行业里拔得头筹，靠的不是把对手狠狠甩在身后，而是站在市场前端，轻轻往前迈进一小步。既能让市场看出自己与对手的差距和优势，又能保证与时代发展合拍。

马云在这个问题上看得相当透彻。2014 年 1 月 23 日，阿里巴巴斥资 1.71 亿美元收购中信 21 世纪 54.3% 的股份。之前由于第三方药品网上交易未正式开放，药品的销量较少。马云的天猫医药和京东医药馆主要销售保健品，比如维生素及成人用品。据统计，2013 年，中国药品市场规模超越 1 万亿，其中天猫医药馆的销售额约 20 亿左右。

随着医疗机构零差价售药，在老百姓看来，实体与网络销售之间已无太大价格差别的背景下，将有更多的药品由 OTC 端销出。因此，随着人们购买渠道向互联网的转换，电商平台自然而然吸引了更多消费者，商家也都开始觊觎网络这块宝地。也就是说，在现有销售额及未来市场规模差距极大的情况下，腾讯、京东、天猫的争夺战必将惨烈上演。而马云的控股举动显然提前走出了一步，这一步不大，但足以占领市场最前沿阵地。

“领先半步”强调的是思路、机制上的领先，以及把握好领先的度。马云的所有创新行动只领先半步，至少在舆论上确立了领先的形象。所谓“半步”，就是在舆论上已成熟，有人想做，但没人敢做，或者还没来得及做。我们先一步行动了，并用事实证明我们做对了，这就取得了领先的优势，这就是“领先半步”。

创业就像跑马拉松，开始跑很快证明不了什么。不如按照你所适应的节奏跑，哪怕一开始只是跟随大部队，然后慢慢加速，领先队伍一小步；持续保持这领先的半步，时间久了，你的地位就可以稳住了。

第11章　马云谈管理

CEO看到的不应该只是机会，还有灾难

远见、战略、制度、人才、文化，是公司管理的五大武器。看起来很复杂，其实有两大核心：一是愿景，二是支撑愿景的元素。马云属于愿景领导者，讲述一个激动人心的故事，让听故事的人为了实现这个目标而奋斗。

管理者要扮演“守门员”角色

我们的团队好比是一支足球队——球队进球了，守门员为球队的胜利而欢呼；球队丢球了，守门员为球队的失败承担最后的责任。这支足球队的守门员就是我这个CEO。

马云开始做互联网的时候，既不懂物理，也不懂计算机。但是，不懂技术并不意味着他不能当领导，马云把一群具有专业能力的人聚到了一起，做了一件件不平凡的事情。

在阿里巴巴内部，组织结构图是倒过来的，最上面是客户，下一排是员工，再下面是经理、副总裁，最下面才是CEO。

对此，马云曾这样调侃：“如果要问我的老板是谁，他就是我前面的几个副总裁，副总裁的老板就是他们前面的总监们，总监们的老板就是他们前面的员工，员工们的老板就是公司的客户。我在公司的最底层，就像一个守门员把住大门，把住方向。所以在公司里我比较清闲，因为如果一个球队的守门员最忙，那就很糟糕。”

从中不难看出，马云这个清闲的守门员对权力的分配颇具艺术性，极大地提升了团队的战斗力。然而，并非所有的领导者都能像马云那样懂得放权和授权。从古至今，把权力紧握在手的人很多，诸葛亮便是其一。

在世人眼里，诸葛亮是一个鞠躬尽瘁、死而后已的忠臣。他身先士卒，临危不惧，赢得了刘备的信任，也赢得了士大夫的敬仰，敌人则对他畏之如虎。然而，诸葛亮终因积劳成疾，五十多岁就英年早逝。这种结局不得不让人扼腕叹息，造成这一悲惨结局的不是别人，正是诸葛亮自己。

从管理学的角度分析，诸葛亮将行政与军事大权集于一身，从行军打仗到皇帝身边的具体小事，他都要亲自过问，特别是在刘备去世后更是如此。诸葛亮一身多职，虽有面面俱到之心，却分身乏术，不但累垮了自己，下属的潜能也发挥不出来。从这一点来看，诸葛亮并非一个称职的管理者。

马云在这方面做得很好，他没有像诸葛亮那样把自己定位成全才，而是只做一个球队的守门员，前锋、中场、后卫则交给合适的人。最后，得到重用的员工满意了，马云也得以抽身做一些更为重要的事情。

多年来，马云始终不忘初心，立志做一个服务于中小企业的互联网交易平台，用东方智慧、西方做法创造一个全世界的市场。无论在创业的艰难时期，还是事业的辉煌时期，他都时刻提醒自己：马云，这个阿里巴巴的首席执行官，只不过是处于最底层的守门员，把住大门、把住方向才是守门员的职责。

几十年创业经历完全可以证明一点：马云这个“守门员”的确是称职的。他曾这样评价自己：像我这种什么技术都不懂的人都能创业，而且小有成就，那么80%的人都可以创业，但关键是你怎样把平凡的人聚在一起，做好“守门员”。

从培养人才、释放团队战斗力的角度来说，管理者需要放权，让每个人都成为独当一面的将才。充分、合理授权，才能有效发挥下属的主观能动性，让他们带着激情工作，为企业创造更美好的未来。

确立一个核心的价值观

> 中国的很多互联网公司可以模仿雅虎、AOL、亚马逊、eBay，阿里巴巴模仿谁？我们只能跟着使命感走。

在阿里巴巴创业初期，马云提出了“四项基本原则”和“三个代表”，这成为公司的核心价值观。有了这个集中统一的行动纲领，阿里巴巴才能够一步步发展成今天的电商帝国。由此可见，在创业过程中，确立一个核心的价值观是多么重要。

马云的管理核心就是文化治心，他十分重视企业文化和价值观的塑造，强调每个员工都要和公司的价值观一致。他认为，企业文化就是企业的价值观和行为准则，而阿里巴巴就是以文化打天下。

文化对于企业的重要性就像 DNA 对于人类一样。在一个公司里，人可能离开，制度可能会改变，但是企业的文化可以一直传承下去。文化是一种精神，是每个人的价值理念，阿里巴巴将使命感、价值观和共同目标作为企业文化，凭借这一点赢得了客户的认同。

阿里巴巴为了建设企业文化用了两年时间，早在 2004 年，马云就提出了"四项基本原则"和"三个代表"。它们作为公司的核心价值观，与"六脉神剑"理论共同组成了阿里巴巴的企业文化。

阿里巴巴在成立初期，遇到了一次大危机。这让马云意识到，一个团队必须有统一的价值观，否则等公司发展起来，一定会出大乱子。

当时，阿里巴巴的核心团队刚刚经历了第一次"西湖论剑"，马云发现公司已经处于一种高度危机的状态。为此，他开始深入思考公司发展壮大以后应该如何运营，人才多了如何管理。随后，马云找到首席运营官关明生，向他讨教通用电气公司如何处理这些问题。

两个人进行了充分沟通以后，马云想明白了，一个团队需要"价值观"和使命感。2003 年，阿里巴巴开始做 B2B，前面没有领路人，没有可以参考的目标，随时可能走错路。在这种情况下，马云提出了"让天下没有难做的生意"，作为公司的使命，致力于为中小企业服务。此后，阿里巴巴所有战略都围绕着这个目标和使命进行。

◎核心价值观第一原则：在变化中求生存

在阿里巴巴的整个发展历程中，马云一直在践行早期确立的企业价值观，并在不断变化中求生存、谋发展。多年来，阿里巴巴一直在不断地适应市场、适应客户，主动地为市场而变，为客户而变，同时也在不断地创新，推出了"中国供应商""诚信通""支付宝"等服务。

◎核心价值观第二原则：不把赚钱作为第一目标

阿里巴巴四项基本原则的第二项很多人都不理解——不要把赚钱作为第一目标。

很多创业者的目标就是赚钱，然而仅仅局限于此会让人很累。钱只是一个结果，是你创造了很多价值，是企业发展越来越好之后的一个副产品。阿里巴巴是为了帮助客户创造价值，帮助客户赚钱，但是阿里巴巴从来不会把赚钱作为公司的第一目标。

◎核心价值观第三原则：阿里巴巴永远做代表

阿里巴巴强调永远做代表，第一必须代表客户利益，第二必须代表员工利益，第三才是代表广大股东的利益。将客户的利益放在首位，将股东的利益放在最后，这和很多创业者不同。有的创业者只关心既得利益，从不关心客户有没有盈利，更不管员工的收益情况，这也是创业失败的一个重要原因。

◎核心价值观第四原则：不追求超额暴额利润

马云要求阿里巴巴不追求暴利，而是追求公平合理的利润和收入。公司要追求公平合理，每个员工对自己的收入也要公平合理。因为每个人的欲望是无止境的，只有公平合理才有利于长远的发展。

总之，价值观、使命感和共同目标是阿里巴巴企业文化的主要构成部分，它们是阿里巴巴的核心竞争力。每一家企业都培育、发展核心价值观，这样才能战无不胜、攻无不克。

员工会离开，企业文化要传承下去

使命、价值观、目标是任何一个企业、任何一个机构都必须具备的东西，如果没有这三样东西，你走不长，走不远，长不大。

从管理的角度看，员工就是企业的内部客户，必须先服务好员工，让他们有良好的情绪，让他们一想到工作就觉得开心、快乐、喜悦，愿意并且能够在企业的平台上不断成长，在工作中获得超越工作本身的价值与意义，他们才能把这种使命感与情感传递给客户。客户在接触到这种情绪与情感时，才会相信企业的广告、宣言或承诺中所言非虚。

创业之初，马云与大家针对阿里巴巴模式争论了好久。这些争论有时非常激烈，有时相当情绪化。马云事后回忆，那段时间他们争论的事情过多，个人情绪化严重，根本无法有效地讨论问题，所以他们提出了一个价值观叫做“简易”。

这个价值观的内容是，如果你对我有意见，那么你来找我，大家一起谈，哪怕打一架也要把问题解决掉。但是，如果你不来找我，去找第三个人，那你就会被这个团队排除在外。而这个价值观，就是后来阿里巴巴九大价值观中的一个，被称为“直言有讳”。

“直言”是马云一开始所提倡的文化，和同事之间要开诚布公，有话直说，面对面解决问题。不在背后搞阴谋诡计，不拉帮结派，不搞小团体，以男人的方式解决问题。

“有讳”是说话的时候要有所顾忌，不能想说什么就说什么。在客观、冷静的前提下进行探讨，不能感情用事，不能伤害同事。

马云提出的这种解决问题的方式，被称为男子汉方式。此后阿里巴巴团队内部有了矛盾，大家都用这个方式解决问题，慢慢形成了团队的做事风格，最后沉淀为企业的文化。

2000 年，马云就提出了名为“独孤九剑”的价值观体系。具体来说，它包括群策群力、教学相长、质量、简易、激情、开放、创新、专注、服务与尊重等内容。到了 2004 年 7 月，马云将阿里巴巴的企业文化梳理和简化成了“六脉神剑”：客户第一、拥抱变化、团队合作、诚信、激情、敬业。在管理实践中，阿里巴巴不断地完善其企业文化建设。

阿里巴巴特别注重员工的办公环境和对员工的培养，每年至少要花费五分之一的精力和财力用在员工身上。针对员工的工作时间，阿里巴巴没有严格的打卡要求，只要完成工作任务，可以随便上下班。IT 行业强调研发，工作用脑量大，员工一直处于紧张的状态，而且十分繁忙。所以，阿里巴巴给员工提供了十分优雅的工作环境，确保员工心情舒畅，工作起来有动力。在其他企业人才流动率居高不下的时候，阿里巴巴连续数年的跳槽率仅为 3.3%。

马云在企业文化的宣传中以身作则，经常会笑容可掬地走到员工身边，仔细地倾听员工在工作中的难题。这样的领导方式不会让人尴尬，又可以第一时间了解工作上的困难。马云曾经说过："在阿里巴巴，员工可以穿旱冰鞋上班，也可以随时来我的办公室，总之一定要让员工爽。"

阿里巴巴把企业文化贯彻到每一个阶段，从员工刚刚入职开始就有了一系列企业文化方面的培训。例如，对普通员工的百年阿里、百年淘宝培训，以及针对销售人员的百年诚信、百年大计培训。此外，阿里巴巴还特地为新晋员工设置了三个月的师傅带徒弟的教学期和人力资源的关怀期，如果新员工在工作半年到一年内觉得对企业文化理解不到位，或者想重新学习，还可以选择回炉重造，再次接受培训。

多年来，阿里巴巴就像一个铁打的营盘，不管员工怎样流动，只要进入这个团队，员工就会在企业价值观的凝聚下坚持理想、使命感、价值观，把这种企业文化一代代地传承下去。员工会离开，会老去，但是只要企业文化能够一直保持，就能为企业发展提供无穷的动力，从而让团队成员保持旺盛的精力和充沛的斗志，在创新之路上狂奔。

外行人用尊重领导内行人

十个有才华的人有九个是古怪的，总认为自己是最好的，你要去包容他们。男人的胸怀是被委屈撑大的，越撑越大。

马云既不懂电脑，也不懂网络，更不懂销售，那么他如何吸引互联网精英加入自己的战队，并有效领导众人呢？

引进人才不能用利益“引诱”，而要依靠“企业的快乐文化和企业领导人的人格魅力去吸引，让人才自己靠过来”。马云“从不承诺任何人加入阿里巴巴会升官发财，只会承诺对方在该公司一定会很倒霉，很冤枉，干得很好领导还是不喜欢”，但是依然有一大帮行业顶级精英选择加入。

马云认为，领导的艺术就是“眼光，胸怀和实力”。眼光，读万卷书不如行万里路，经常跑经常看，眼光自然要比别人长远。比如，一个人在镇上是最权威的，跑去大上海一看，发现自己很平凡，再到纽约一看，原来自己这么渺小。所以，“眼光比别人看得远，别人就会钦佩你”。

其次，领导者一定要有胸怀，有些事情不懂没关系，但是要尊重内行人，“十个有才华的人九个古怪”，而且有才华的人总认为自己是最好的，领导者要包容他们。“男人的胸怀是被委屈撑大的”，最后你会发现自己面对再大的暴风雨也能气定神闲。

再次，任何时候都是实力决定一切。你一次一次失败，一次次被打倒，再站起来，再被打倒再站起来，这时候实力便产生了。这道理就像打架，不是对手出拳有多准多狠，而是对方打在自己身上，你一点反应也没有，这就叫实力。所以，“一个领导者如果能够眼光比人好，胸怀比人大，实力比人坚强，就可以和任何人合作”。

凭借上述领导格局，马云这个外行才可以带领一群内行干出业绩。他不懂技术，所以把最优秀的技术人员请来；他不懂财务，所以把最好的财务官请来；他不懂管理，所以把最好的管理者请来。在阿里巴巴，马云永远不会跟那些内行吵架，如果技术人员说这样做，他就会说：“好，你就这样去做吧！”

马云说：“我对技术方面不懂，也没有觉得很丢脸，不懂就是不懂。正因为我不懂，所以我尊重别人，与人真诚沟通，听专业的意见。另外，不懂的人想问题往往比较朴素，所以很多时候需要一些不懂的人在公司里面。但是，不懂的人千万不要装懂，不然麻烦就大了。”

许多公司不缺少能干的人和技术天才，但是总是裹足不前，归根结底，是领导者格局不大，以及管理能力不足。“劳心者治人，劳力者治于人”，领导者有大格局，包容有才华的人，自然容易让大家各司其职，创造高绩效的业绩。

我管不了钱，但有人帮我管

我计算，算不过人家；我说话，说不过人家。但是，我创业成功了，因为我什么都不懂，所以才有各路懂的人来帮忙。

现代企业大多建立了严密的组织机构和管理制度，从财务部、营销部到公关部、业务部，令人眼花缭乱的组织架构成为管理者有力的助手。

但是，在实际运作中，许多领导人陷入了日常事务管理的泥潭不能自拔，管理绩效也不能达到理想的预期目标。为什么兢兢业业，努力“作为”却没有成效呢？一个重要原因是领导者不善于发现、使用优秀人才，结果对公司事务管头、管脚，不得章法。

1999年4月15日，alibaba.com正式上线。InvestorAB副总裁蔡崇信听说了阿里巴巴的故事，立刻飞抵杭州谈投资。他与马云谈了4天后，说道：“马云，我要回国加入阿里巴巴！”马云倍感欣喜：“好！你来帮我管钱。”就这样，华尔街混迹多年的耶鲁博士蔡崇信顺理成章地加入了阿里巴巴。

作为一个成功的企业家，马云不会管钱，但是他让懂钱的人管理资金，这种策略更加高明。没有人是万能的，领导者的职责之一就是让人才各安其位，让专业的人干专业的事。如果总是想着大包大揽，往往会在管理工作中累到半死，还没有效率。

其实，马云何止不懂管钱，连企业最核心的竞争力——技术也一概不懂。但是，他说：“其实正因为我不懂技术，我们公司的技术才最好。”

阿里巴巴的云计算能够在中国、乃至全世界发展成现在的规模，一个很重要的原因就是马云不懂技术。比如，在阿里决定未来发展方向的会议上，阿里骨干提出了“数据”和“云计算”是未来的方向，还提到怎么发展5K技术、登月项目等，期间夹带了很多专业名词。马云几乎完全没听懂，但是他唯一可以确定的是，这个大方向是对的。于是，他放开权力，让技术团队放手大干。

所以，不懂技术没关系，但是要尊重和热爱专业人才，给他们施展才华的舞台。这就是马云对用人与管理的独特理解。如何管理公司，可以体现出领导者的格局。有大格局的人具备全局、前瞻眼光，透过当下看到未来，永远做着正确的事情。

如果说创业初期需要“跨马闯天下”的人才，发展期需要“提笔定太平”的人才，那么成熟期则要对人才结构进行合理调整，并通过不断“吐故纳新”保持旺盛的团队生命力。显然，学会开发、使用和管理人才是领导者日常工作的一部分。

领导人都知道人力资源是企业最宝贵的财富，关键是如何发挥团队成员的创造性。老子说：“化而欲作，吾将镇之以无名之朴。”意思是，事物发展都有自身的规律，我们要尊重它的内在冲动，合理引导。

著名心理学家马斯洛提出了著名的层次需要理论，其中“自我实现需要”是个体最高层级的目标。因此，领导人通过合理授权，把日常事务的管理下放，就能充分调动员工的积极性，实现人力资源的最大价值；而管理者就能致力于组织战略方针的制定，达到无为而治的境界。

让年轻人做更多事情

长江后浪推前浪，前浪方可闲庭信步，这是人才队伍建设最大的成功。

阿里巴巴集团经营多项业务，包括淘宝网、天猫、聚划算、全球速卖通、阿里巴巴国际交易市场、1688、阿里妈妈、阿里云、蚂蚁金服、菜鸟网络等。管理这么庞大的一家公司，并取得了骄人的业绩，马云卓越的领导力从何而来?

英国卡德伯里爵士认为："真正的领导者鼓励下属发挥他们的才能，并且不断进步。失败的管理者不给下属以自己决策的权利，奴役别人，不让别人有出头的机会。"显然，发现、培养、使用优秀人才，尤其是放手让年轻人干事，是马云成功管理的关键。

腾讯和百度公司的负责人谈到阿里巴巴的人才管理，曾经发出这样的感慨："阿里的梯队建设太完善了，每个细分领域、每个业务板块都有顶梁柱，也有后备军，顶梁柱能控住业务，后备军也能随时顶上去。"

阿里巴巴有一位职员从北京某银行总行部门领导的岗位上辞职，南下杭州当了"杭漂"，连老婆孩子都带过去了。几年下来，不但一家人过得相当愉快，这位担任要职的负责人在业务方面也蒸蒸日上，一举成为业内最大的云服务提供商，数千家金融机构接入服务，发展势头迅猛。

近几年，新经济一路狂奔，似乎看不到边界。阿里巴巴在市场上的表现可圈可点，张勇等新一代管理人功不可没。他出身上海财经大学金融学院，2007 年 8 月加入阿里巴巴集团，担任淘宝网首席财务官，参与设计淘宝商业模式。在阿里集团 11 年，他打造天猫"双十一"，推动"All in 无线"战略，投资苏宁云商，组建阿里体育集团，主导新零售，从首席财务官逐步晋升为阿里集团董事长。

2018 年 4 月，蚂蚁金服完成董事长交棒，蚂蚁金服 CEO 井贤栋兼任董事长一职，原董事长彭蕾卸任后负责东南亚电商市场开拓，同时投身女性和儿童权益保护。当时，马云专门提到了"传承"两字。他说："这是蚂蚁历史上最重要的领导团队更替，不仅仅是为了传承，更重要的是蜕变。长江后浪推前浪，前浪方可闲庭信步，这是人才队伍建设最大的成功。"

阿里巴巴是中国最大的私营公司，一路走来代表着过去 20 多年里中国经济最有活力的那部分。而马云也是中国企业家群体中最具“辨识度”的一位，其优秀的人才管理艺术令人钦佩，也值得后来者深入学习。

马云的用人原则是先让你试，行不行看结果。事实证明，这个办法的确行之有效。在阿里的发展历程中，每个重要岗位的“同学”都是凭本事坐在那个位子上，有能力就坐下去，乃至被委以重任，到更高的岗位上历练。这种人才选拔机制好像“打怪练级”，看谁能够攀登到顶峰。

其实，国际上那些历史悠久的百年老店都有代际传承的管理机制。创始人不会永远坐在功劳簿上指点江山，而是让有能力的年轻人去做更多事情，带领公司走进新的发展天地。

比尔·盖茨说过：“一个公司要发展迅速得力于聘用好的人才，尤其是需要聪明的人才。”强将手下无弱兵，选好人，用好人，用对人，带出一批精兵强将是领导人的头等大事。

你的公司就好比一个小分队，也是由各色各样的人组成，他们都有自己的看家本领。身为领导人，你就要做到对部下的能力、个性、习惯了如指掌，做到适才适所，使内在的潜力得到充分的发挥。有了精兵强将，公司才可能做大做强。

用“快乐文化”吸引人才

让员工快乐地工作、成长，让客户得到满意的服务，让社会感觉到我们存在的价值，这才是阿里巴巴的社会责任之所在。

“良禽择木而栖”，优秀的禽鸟尚会选择理想的树木作为自己的栖息之地，优秀的人才也会选择合适的发展平台，以及赏识自己的领导。在众多要素中，优秀的企业文化无疑展示了团队的精神面貌，成为吸引优秀人才的良木。

对人才来说，优秀的企业文化不仅是一种“精神薪酬”，更是吸引人才的巨大“磁场”。IBM、DELL、华为等公司是计算机精英的理想去处，除了这些公司能付给他们优厚的薪酬，还因为那里有先进的管理经验、技术、思想观念和深厚的文化底蕴。

马云带领18名创业者，把一个名不见经传的阿里巴巴打造成世界性电商帝国，吸引无数青年才俊蜂拥而至，离不开马云的个人魅力、公司的管理模式。除此之外，阿里巴巴塑造的团队文化，也就是快乐文化，也是凝聚人才的一个关键。

阿里巴巴是一家崇尚快乐工作的企业。快乐工作、认真生活，是马云一直提倡的理念，也是阿里巴巴从一开始就在努力建设的核心文化。

在2005年举办的一场狂欢舞会上，一个头戴面纱的“新疆姑娘”出现在大家面前，她身穿维族服饰，在人群中翩翩起舞。正当大家交头接耳议论这位姑娘是哪位同事时，对方主动摘下面纱，大家都惊呆了，这个婀娜多姿的“新疆姑娘”原来是马云。在大家的哄笑声中，舞会被推向了高潮。

后来，这张“新疆姑娘”扮相的照片挂到了阿里巴巴办公室的一面墙上，每位路过的员工都会抬头面露笑意。这种发自内心的笑让人感到身在阿里巴巴这个大家庭中的快乐，更能让人感觉到老板就在身边，从没有和他们疏远过。

2010年12月18日，云锋基金江苏论坛召开，马云作为商界代表在闭幕式上进行了演讲，马云提到做舒适的企业比做大、做强更重要。他说：“做舒适的企业，做让客户满意，让员工幸福，让股东放心的企业，比什么都重要。”

在马云看来，阿里巴巴最大的财富是无数个阿里人。在公司里，员工不仅仅是为了获得能够维系生存的薪水，更想通过工作获得认同和成就感，并因工作而感到快乐和充实。所以，马云一再强调，除了满意的薪水，阿里巴巴还要为员工创造快乐的工作环境和氛围。只有员工开心了，才能最大限度地为客户提供满意的服务。为此，马云一直努力将阿里巴巴打造成一个快乐的团队，让阿里巴巴变成一个笑脸公司。

在阿里巴巴，大家经常开“群心会”，这实际上是一种触及心灵的谈话。在对话中，公司领导与员工平等交流、总结利弊得失、吸取教训、互通有无，展示出轻松自然、无拘无束的氛围。

除了关心员工的工作，马云还经常聆听他们在工作中遇到的各种困难，还格外关心员工的生活，并一直努力营造一种愉快的工作氛围。在阿里巴巴，人们经常看到马云穿着蓬蓬裙、戴着假发装扮白雪公主，穿着红衣、梳着鸡冠头、画着眼线唇线装扮朋克。马云并非在搞恶作剧，而是“不想让员工太郁闷”，他希望通过制造“快乐”打造一个和谐的阿里大家庭。

马云曾说：“我付给员工的工资可能不是同类企业里最高的，但我相信在工作中，阿里巴巴的员工是最开心的。”毫无疑问，“快乐文化”是阿里巴巴成功的关键。

正是用快乐文化吸引人才，阿里巴巴才汇聚了世界上最好的互联网团队；正是因为用快乐文化弘扬个性，阿里巴巴的员工才可以在宽松的融洽氛围里保持创新激情；也正是因为快乐文化，阿里巴巴才吸引、留住了互联网界最优秀的人才，并在 2005 年荣获当年“CCTV 中国年度最佳雇主”。马云说：“这是我获得的所有荣誉中最满意的奖项。”

许多企业死气沉沉、缺少活力，在这种氛围里工作不利于人际交往，不利于充分调动员工的积极性，更不利于发挥员工的主观能动性和创造性。这时，我们便可借鉴阿里巴巴的模式，比如工作空隙做工间操、喝咖啡、听音乐等，真正让员工做到劳逸结合。

第12章　马云谈团队

共享共担，让平凡人做非凡事

世界上最好的团队是唐僧团队。唐僧是最无为的领导，迂腐地只知道“获取真经”；孙悟空脾气暴躁，却有通天的本领；猪八戒好吃懒做，但情趣多多；沙和尚中中庸庸，但是任劳任怨地挑担子。这样的团队无疑比“一个唐僧三个孙悟空”的团队更能够精诚合作、同舟共济。

成为一个“唐僧式CEO”

唐僧是领导，也是最无为的一个领导，迂腐地只知道“获取真经”才是最后的目的。孙悟空脾气暴躁却有通天的本领，猪八戒好吃懒做但情趣多多，沙和尚中中庸庸但是任劳任怨挑着担子。这样的团队无疑比“一个唐僧三个孙悟空”的团队更能够精诚合作、同舟共济。

2001年，马云在厦门的一场演讲中曾表示，唐僧团队是世界上最好的团队，唐僧是最好的CEO。马云认为，最好的领导就是让队员心甘情愿地把他们最擅长的技能发挥得淋漓尽致，而且给员工充分的空间。

对于马云的说法，有些人肯定会持反对意见，三国鼎立时的“刘、关、张”团队人才济济，英雄辈出，难道不够优秀吗？“刘、关、张”团队的确是“千年等一回”的优秀团队，刘备本人也是中国古代屈指可数的优秀领导者，但是在唐僧团队面前就稍有些逊色了。

在刘备的团队里，个个都是精英，个个都严肃待命，稍有松懈便会触犯军纪而受到处罚，刘备本人更是不苟言笑。而在唐僧团队里，这样的事情永远不会发生，正因为有了猪八戒才有了乐趣，有了沙和尚才有人挑担子，有了孙悟空才渡过了一个又一个磨难。少了谁都不可以，他们互补，相互支撑，虽然关键时刻也会吵架，但是价值观不变。不管经历多少磨难，唐僧的观念一直没有改变过，即前往西天求取真经。

阿里巴巴就是这样的团队。在互联网低潮的时候很多人往外跑，但是阿里巴巴人才的流失率是最低的。究其原因，与马云这个唐僧式的“CEO”关系最大。

谈到唐僧的管理能力，基本上没有可圈可点之处，几个徒弟之所以追随他，一是慑于天庭的威仪，二是为了求得自我解脱。所以，唐僧作为一个管理者，的确不如刘备称职，而且他也不会腾云驾雾，这一点远远逊色于徒弟们，甚至连白龙马也不如。

唐僧的几个徒弟在取经前都当过天庭的高官，除了孙悟空其他几位出身还都是贵族，对于行政管理应该都懂得一二。此外，几个徒弟还习得一身好武艺，能够纵横海内，但无论他们多么有本事，都不能超越唐僧的地位，更不能取代唐僧去西天求取真经。为什么如此有本事的人却甘心受唐僧这个无能无为的师傅领导呢？那是因为唐僧刚毅顽强，并且为了理想奋不顾身。唐僧师徒能够同心同德，完全取决于唐僧坚定的信念，这种力量使得几个徒弟敬服。

对创业者而言，如果想渡过残酷的低潮期，就要依靠团队的力量，这也是马云推崇唐僧团队的出发点，也是马云誓做“唐僧式 CEO”的主要原因。唐僧团队的经历，就是不断与挫折和困难进行斗争。

马云曾说：“一个人在黑暗中走很恐怖，但是如果是十几个人，200多个人一起在黑暗中手拉手往前冲，就什么都不怕。阿里巴巴正是因为有了无数个孙悟空，无数个猪八戒，无数个沙和尚，才能走到今天。”

联众公司 CEO 鲍岳桥曾说：“马云有一批很能干的员工。”的确，在阿里巴巴内部，马云便如《西游记》里的唐僧，虽然学历不高，但是很有能力，手下聚集着一批行业精英。阿里巴巴的 COO 关明生曾在通用电气担任要职 15 年；CFO 蔡崇信曾在美国一家投资公司任副总裁的职务；首席技术官吴炯则曾是雅虎搜索引擎和商务技术的首席设计师……他们来阿里巴巴时，公司还一穷二白，是什么吸引他们放下优厚的待遇，加入马云这个团队一起创业呢？毫无疑问，是马云身上那种唐僧般的领导能力。

作为一名管理者，马云缺乏实际工作能力，尤其是在阿里巴巴成立之初，他只能依赖团队里的其他人。为此，马云给足了团队成员发展空间，让他们有大展拳脚的机会，让他们能心甘情愿地追随自己。

唐僧很注意各部门的分工协作，孙悟空降妖，猪八戒开路，沙和尚挑担，白龙马运输，各司其职，而需要对付共同的敌人时则全体出动，众志成城。在阿里巴巴，从各部门细化到个人，大家有具体分工，有人搞管理，有人搞技术，有人搞市场，一旦某个部门出现问题，各个部门便会鼎力相助，直到把问题解决。

马云认为，做小企业成功靠经营，做中企业靠管理，做大企业靠做人。经营、管理、做人，是一个领导者不可缺少的素养。唐僧正好具备了这三项能力才取得了真经，马云则因为是一个唐僧式的 CEO，才成就了今天的阿里巴巴。

对企业这个团队而言，员工就像一颗颗晶莹圆润的珍珠，领导者要做“一条线”，把这些零散的珍珠穿起来，串成一条精美的项链。而如果没有这条线，珍珠再多也不过是一盘散沙。

选人的第一要素是“价值观”

使命、价值观、目标是任何一个企业，任何一个组织机构都必须具备的东西。如果没有这三样东西，你走不长，走不远，长不大。

有人问马云:“阿里巴巴最值钱的是什么？”马云回答:“在阿里巴巴，最值钱的东西就是阿里人的价值观。”阿里巴巴的员工来自世界多个国家和地区，他们有着不同的文化，不同的信仰，是相同的价值观让他们走到了一起。

价值观看起来是“虚”的，其实是“实”的。对企业来说，它是为实现使命而提炼出来并予以倡导，指导企业员工共同行为的永恒准则。对员工来说，它是深藏在心中，决定个人行为的处事态度。核心价值观不在多而在精，一般不会多于 5 ～ 6 条。

据调查，《财富》100 强中有 55% 的公司把“诚信”作为核心价值观，44% 的公司倡导“客户满意度”，而 40% 的公司信奉“团队精神”。其次，“创新”“奉献”“团结”“艰苦奋斗”等词语在企业价值观中出现的概率也相当高。

众所周知，阿里巴巴有一个汇聚世界精英的团队。但是，马云不止一次强调：“阿里巴巴在用人上不把‘精英’作为首选，甚至连第二都排不上。我们选的是对公司的价值观有认同感的人。”

进入阿里巴巴的人必须要认同公司的价值观，认同阿里人的理想，否则即使再优秀也会被拒之门外。阿里新员工入职后的第一件事就是要进行专业的培训。培训什么呢？主要是共同的价值观和团队精神。

宋朝的水泊梁山有108条好汉，是什么让他们走到了一起？是江湖义气，其实它就是我们今天商场上所说的价值观。正是因为有了共同的价值观，无论发生什么事大家都是兄弟；而一旦共同的价值观发生变化，108人也便分崩离析了。

在2002年宁波会员见面会上，马云对梁山好汉的价值观进行了肯定。同时，他也从创业的角度对梁山好汉的价值理念进行了解读。马云认为，梁山是一个团队，是典型的创业路径。初生牛犊不怕虎，这个团队丝毫不惧怕大公司的进攻。随着企业发展，这个团队不断壮大，最初那种“大碗喝酒，大块吃肉”的价值观已不再适应慢慢长大的团队，覆灭也就在所难免了。

从梁山的失败中，马云总结出了这样一个观点，即一个强大的团队必须有强大的价值观，才能持续走在行业的前列。自创立阿里巴巴以来，马云一直在践行这一原则。

阿里巴巴副总裁邓康明说：“每个人都有不同的价值观，作为一个有使命感的企业，要考虑如何让员工从心里认同企业文化或企业的价值观，为一个共同的目标去创业、去奋斗，而不仅仅把工作当成一种职业或养家糊口的方式，这非常重要。”

在阿里巴巴，对那些业绩好、价值观却很差的员工，马云会毫不犹豫地让他们离开；对那些价值观很好，业绩却总是提不上去的员工，阿里巴巴也不欢迎。但两者有很大区别，前者是永不录用，后者如果在离开公司三个月后能把业绩提上去，还有机会回到阿里巴巴。

事实上，几乎所有的企业管理者都强调价值观的重要性，但是像阿里巴巴这样把价值观考核与收益紧密挂钩的做法却很少见。由此不难理解，核心价值观是阿里巴巴选人用人的第一标准。

企业团队精神的最高境界是什么？是全体成员具备向心力和凝聚力，它们来自于团队成员自觉的内心动力，来自于相似的价值观。如果有一个人不讲团队精神，无视价值观，则整个企业的运行都可能受到不良影响。因此，用价值观衡量人才是团队管理的重要内容。

让每个阿里人获得被重视的感觉

我希望自己与同事之间是真诚的感情，像亲人般交往，而不是单纯的老总与下属的关系。喊我的名字不是很正常吗？名字既然起了，就是让人叫的啊！

在大多数企业中，同事之间往往以姓名相称，但对于高层领导，通常会在姓氏后加上董事长、总经理、经理等称谓，以表示尊敬。在阿里巴巴，马云别出心裁地做了一项规定：所有的员工见到他时只需用一种称呼，即直呼“马云”。如果有员工习惯性地称他为“马总”，他会马上告诉对方：“拜托你，别叫我‘马总’好不好，叫我‘马云’！”

和阿里人看到的一样，马云是一个极富个性、快乐的坦率之人，没有一点高高在上的感觉。马云始终保持平易近人的作风，不想和员工之间保持上下级关系。在一次答记者问时，马云曾说过这样一句话：“所有加入阿里巴巴的人都是普通员工，我也一样，我一直想证明这件事情。1995 年开始创业我就想证明，包括今天也一样。”

来到阿里巴巴公司，你可以看到某个员工穿着旱冰鞋上班，也会看到门不敲、招呼不打的员工快快乐乐地进出马云的办公室。在这里，工作是一件幸福而愉快的事情。马云表示，阿里巴巴的工作，就是为了让员工感觉自在，就是让员工感觉与老板没有距离。

在淘宝网，几乎所有的员工都拥有独一无二、耳熟能详的武侠“花名”，段誉、语嫣、乔峰、胡斐、小龙女等来自金庸小说的“武侠人士”出没于淘宝各办公室内。在这里，通常大家只记得对方的花名，而忽略其真名。淘宝掌门孙彤宇被同事们称为“财神”，这个称呼可以在任何正式或非正式的场合呼出，而不是称其为“孙总”。而马云，在淘宝有个优雅别致的名字，叫“风清扬”。

此外，阿里巴巴的会议室也以金庸武侠小说里的地名来命名，讨论江湖大事，不是聚首“光明顶”，就是笑傲“侠客岛”。可以说，武侠文化中的正义感和团队精神渗透到了公司员工的一言一行，也正是这种好像在武林中工作的方式让马云和员工拉近了距离。

在阿里巴巴，经常会看到马云背着手，四处找一些新员工谈心。在和员工交谈中，马云就像一个大孩子，把自己小时候的糗事都一一摆上桌面。这时候，员工感到面对老板竟像与家人聊天，犹如父子间、兄弟间的闲谈。

马云重视、尊重每个为公司发展做出贡献的员工。多年来，他养成了一个习惯，不管散会告别还是出差前的告别，都与每个员工道别。这让阿里人感觉到自己是被重视的，无形中增强了努力奋斗的坚定信念。

一位阿里巴巴的员工这样评价马云：“我感觉他非常好，非常善良，比较照顾周围的人，不是应付也不是应酬，而是发自内心的关心。他把我们当朋友，付出从来不讲回报，平等待人，而且做事正直。他的性格也很好，这些都影响了我们。”

不得不承认，马云是中国企业家中的“另类”，他不喜欢安安稳稳地坐在办公室里等待下属汇报工作，而是喜欢到员工的办公区“闻味道”。在公共办公区里，马云会突然出现在员工身旁，眉飞色舞地聊聊业务，时不时地拍拍对方的肩膀。在外人眼里，完全分不清谁是老板谁是员工，这已经成了阿里巴巴最让人暖心的一道风景。

管理者对下属多释放一些人情味，就会给对方带来心理上的满足，进而提升员工的工作效率。比如，记住员工的生日、婚丧嫁娶表达问候、关心他们的成长和人格完善等，都能让员工感受到来自家的温暖。作为回报，员工会自觉工作，为公司付出更多。

“野狗”和“小白兔”都要杀

进入我们公司有一个月的专门培训，从第一天起接受共同的价值观、团队精神。我们要告诉刚来的员工，所有的人都是平凡的人，平凡的人在一起做不平凡的事。

什么样的员工能给公司创造最大的价值？马云的回答是，“最合适”的员工。具体来说，新员工的价值观要和公司的价值观符合，这一点集中体现在阿里巴巴的选人工作中。马云只选择那些对阿里巴巴的价值观有认同感的人，而那些“精英”并不在优先选择范围内。

阿里巴巴有一套人才考核办法，它决定着员工的去留。按照这套考核方法，有两种人在阿里巴巴呆不长，一种人被称为“野狗”，一种人被称为“小白兔”。

被称为“野狗”的员工在平时的考核中业绩很好，甚至经常名列前茅，但是企业价值观特别差。他们总是名列每年销售业绩的榜单上，但是根本不讲究团队精神，更不讲究服务质量，这样的员工肯定会被辞退。

而被称为“小白兔”的员工恰恰相反，企业价值观很好，也很讲究团队精神，待人接物热情，对同事也十分友好，唯独业绩上不去，他们也会被辞退。但是与“野狗”不同，“小白兔”如果离开公司三个月之后有信心把业绩提上去，还有机会再次回到阿里巴巴，而“野狗”则没有这种机会。

2002年，阿里巴巴提出了全年盈利一块钱的口号。当时，这个口号主要是为了激励员工，同时也向社会证明阿里巴巴开始转亏为盈了。那时候，中国电子商务行业有一个潜规则，那就是吃回扣。如果不给客户回扣就拿不到订单，拿不到订单就没有钱赚。阿里巴巴的价值观决定了不允许给客户回扣，于是这个矛盾摆在了所有人面前。

随后，阿里巴巴花了一天时间开会，绝大多数人都认同先拿到订单，等以后有能力了再实行不给回扣的政策。只有一小部分人认为价值观很重要，不能这么做。最后马云决定，宁可关闭阿里巴巴也不能给客户回扣，大家最终同意了马云的决定。

做出这个决定后的第一个月，没有出现任何问题，但是到了第二个月统计业绩的时候，问题就出现了。那个月，阿里巴巴的营业额只有15万左右，其中12万是由两个销售人员完成的，并且他们给了客户回扣。

对此，马云十分为难。如果开除这两个员工，阿里巴巴这个月的营业额就只剩下2万元；如果不开除，那么公司刚刚竖立起来的价值观就会遭到严重破坏。最后马云拍板，无论如何都要开除违规的人。从那时起，所有人都知道阿里巴巴的价值观不是说着玩的，而是真正具有约束力。

如何管理好团队，坚守企业的价值观，考验着每个管理者的智慧。阿里巴巴一旦确定了用人规则，就坚决落实到行动中，毫不妥协。对此，感受最深的一个人就是职业经理人卫哲。

2007年，卫哲加入马云的战队。那一年，阿里巴巴在香港成功上市，一时间风光无限。当时，卫哲信心满满，在进入马云的考核房间之前，还自我感觉能达到95分。结果，马云认为卫哲在价值观方面做得不好，只打了75分，这完全出乎了卫哲的意料。

作为一个职业经理人，卫哲习惯以业绩论英雄，所以对于75分的考核成绩并没有过多的苦恼，也没有意识到自己的价值观出了问题。随后，他集中精力做好下一年的业绩。结果到了 2008 年夏天，阿里巴巴召开了一场针对卫哲的批斗会。在 7 个多小时的批斗会中，卫哲的队员把他的缺点和失误一条条列举出来。卫哲终于认识到了价值观的重要性，明白了在带领团队冲业绩的时候也要为客户创造价值。此后，卫哲和同事们更加了解彼此、更加信任彼此，团队也更加具有凝聚力。

柯林斯研究发现，世界上那些高瞻远瞩式的公司无不拥有教派式的团队文化，凡是不接受公司价值观的人，一律不能加入进来。换句话说，那些公司之所以能成为高瞻远瞩的公司，是因为它们拥有一批愿意接受公司价值观的员工。

“野狗”在创业初期对团队的危害性相当大，如果你的团队之中有这样的人存在，请不要犹豫。“小白兔”的危害同样不小，没有业绩的员工在创业初期同样要不得，在资金紧张时期还养着业绩极低的“小白兔”，无疑是不明智的。

企业要帮助员工成长

对阿里巴巴来讲，期权、钱都无法和人才相比。员工是公司最好的财富，有共同价值观和企业文化的员工是最大的财富。今天银行利息是 2 个百分点，如果把这个钱投在员工身上，让他们得到培训，那么员工创造的财富远远不止 2 个百分点。

企业发展靠团队，离开优秀人才的加入和成长，一切都无从谈起。有大格局的领导者会从身边培养人才，实现员工与企业的双赢。

21 世纪什么最重要？ 100 个人可能会有 100 种答案。2005 年 3 月 21 日，马云在广州站阿里巴巴网商论坛上对这一问题给出了有力的回答。

“21 世纪什么最重要？我觉得是人才。许多人认为专家很重要，认为中层管理很重要，但是他们忘了把士气传给普通的员工。对普通员工来说，更重要的是“我要买车，我要买房，我要结婚生子”。我们家保姆，我给他 1200 元，杭州市场 800 元。她做得很开心，因为她觉得自己得到了尊重。你对广大员工增加一些投入，会大士气增。所以要让自己的员工感到满足，然后提升企业文化，你的企业就有希望了。”

这就是马云的人才增值论。这里首先要提醒企业管理者必须明白一个道理：真正的天才员工应该是无价的，即使花费万金也应在所不惜。

虽然金钱不是人才的唯一衡量标准，却是企业肯定人才劳动价值的最直接手段。从一定意义上说，人才看重的并不是金钱本身的意义，而是金钱所代表的企业及社会和公众对人才能力的评价。在这种情况没有改变之前，金钱便成了对人才最有控制力的手段之一。

除了为员工提供优渥的物质条件，企业还应该帮助他们成长，让人才增值，这也能最大程度上吸引并留住人才。

据内部资料统计，2004 年阿里巴巴在广告上没有花钱，但在员工培训上却花了几百万。很多人会觉得马云的这种做法分不清轻重，把几百万的培训费投入到广告上，将会为阿里巴巴带来多大的效益啊！马云却不这样认为，他说：“没有优秀的员工，根本无法做好企业。”

2004 年 9 月 10 日，阿里巴巴和杭州电子科技大学、英国亨利商学院联合成立阿里学院。“阿里学院”的宗旨是为阿里巴巴培训业务精英和管理人才，同时为中国培养出千万本土老板。

2005 年 11 月 20 日，雅虎中国在北京拉开了校园招聘宣讲会的帷幕。在接下来的两个月里，阿里巴巴的目标是招聘 50 名搜索方面的技术人员。为了吸引到真正的人才，阿里巴巴可谓使尽了浑身解数。当时，马云承诺：笔试的第一名可以获得人民币两万元的奖励，而且每一个被阿里巴巴录取的员工都将得到公司股票期权。此外，雅虎搜索技术专利所有人吴炯和雅虎副总裁路奇还将对这次招聘到的 50 名员工进行一对一的培训。

马云一直认为，与其把钱放在银行里，不如把钱放在员工身上。一个企业要得到长期发展，主要取决于两样东西的成长：一是员工的成长，一是客户的成长。

长期以来，马云对人才的资金投入毫不吝啬。在人力上投入成本，让人才增值，就是在为企业增值。一箭双雕，何乐而不为呢？有大格局的领导者眼光长远，他们不局限于物质资本的增长，致力于员工培训工作，让企业获得持续发展的动力源泉。

对此，李嘉诚也说过："在我心目中，不理你是什么样的肤色，不理你是什么样的国籍，只要你对公司有贡献，忠诚、肯做事、有归属感，即有长期的打算，我就会帮他慢慢地经过一个时期而成为核心分子，这是我公司一向的政策。"

别把飞机引擎装在拖拉机上

阿里巴巴在发展过程中犯过许多错。比如，在创业早期请过很多"高手"，一些来自500强大企业的管理人员也曾加盟阿里巴巴，结果却是"水土不服"。这就好比把飞机的引擎装在了拖拉机上，最终还是飞不起来。

作为管理者，人尽其才的用人能力，马云并不是一直都具备，他是不断在错误中吸取经验教训后逐渐摸索出来的。

早期创业阶段，马云在国内国外请过很多高手，但是结果并没有想象的那么好。对此，他有一个形象的说法，"把飞机的引擎装在了拖拉机上，最终还是飞不起来"。不过马云承认，那些职业经理人的管理水平确实很高，只是放在阿里巴巴需要的职位上不合适。如果能力不能和职位匹配，即使是天才，也难以发挥出原有的战斗力。

吸取前面的教训，马云在人才招聘和使用上开始有了新的认识。在技术、财务和管理企业这三大关键领域，马云自知没有优势，甚至是个外行，所以他聘请专业人士负责关键岗位的工作，追求适才适用。

汤姆·彼得斯被西方世界尊称为“商界教皇”，他说：“雇佣合适的员工是任何公司所能做的最重要的决定。管理工作就是要‘让合适的人去做合适的事’，然而，如果你雇佣了一些不合适的人，你就别指望他们能把该做的事做好。”在人尽其才的认识上，马云的观点与汤姆·彼得斯不谋而合。

在管理实践中，有的人习惯把一些学历高的研究生、博士生招到麾下，结果他们工作一段时间后，暴露了许多问题。这就是我们常说的“大材小用”。

显然，人尽其才说起来简单，做起来并不容易。首先，管理者必须对每一个部门每一个职位的工作内容有所了解，这样才能知道需要招聘哪些类型的人才。其次，管理者需要对手下每位员工的能力有所了解，需要知道他们的优势和劣势，从而把他们安排到合适的职位上，发挥人才应有的价值。

世界上许多知名的大公司都奉行人尽其才的招聘原则。壳牌公司对人才的使用非常严格，始终遵循“量才适用，宁缺毋滥”的原则。所谓“量才适用”是指员工的能力要与岗位要求相匹配，以正好满足为原则。如果应聘者的能力太强或能力太弱，都不会被录用。

“过犹不及”，大材小用或小材大用，都不能出色发挥人才的潜能，惟有适才专用，才能使人的才能发挥到极致。对于条件稍微差点的人，只要把他们放在适当的岗位上，他们就是人才，就是财富。

此外，“唯才是用”并非只注重文凭，也要看工作实践。学历并不是衡量一个人是否有才华的唯一标准，而是学习经历的一种证明。管理者的首要任务是擦亮眼睛，给员工找一个合适的位置，让其尽情发挥自己的才能。

任何成功都是团队的胜利

阿里巴巴的成长，首先要感谢我的团队，成功绝对不属于马云一个人。成功不是独角戏。

毫无疑问，马云已经成为中国电子商务的代言人。他能取得如此重大的成就，不是一个人努力的结果，而是团队奋斗的胜利。对此，马云说成功不是独角戏，有了众多“配角”的帮衬才一步步走到今天。

在早期创业阶段，何一兵给了马云很大帮助。此人是马云在杭州电子工学院教书时的同事，在学校里负责计算机教学工作。1995 年 5 月 9 日，马云第一个互联网创业项目——中国黄页，正式上线。当时，马云就拉何一兵入伙，负责技术。

1997 年，马云离开杭州去北京给外贸部建网站，中国黄页就一直在何一兵的独立领导下快速发展。后来，中国黄页与浙大计算机公司合并，成立浙大网新互联网信息技术有限公司，何一兵担任公司的总经理，在保持原有电子商务业务的基础上，开始进军电子政务业务，并很快进入行业发展前列。

2003 年，何一兵带领中国黄页部分团队创建浙江汇信科技有限公司，为企业提供基础的互联网安全身份认证服务，创新性将企业营业执照、印章和 PKI 技术结合，很好地解决了企业网上活动的诚信和安全问题。

2005 年，何一兵第一个提出将博客技术用于企业电子商务，提出职业博客的博客专业化概念并付诸实施，联合创建了企业博客网（企博网）。次年 4 月，在杭州天谷信息技术有限公司（暨原中国黄页电子商务团队）的基础上成立了浙江博客信息技术有限公司，正式运营企博网。

多年来，何一兵可谓是马云创业路上的第一位军师。显然，少了关键团队成员的支持与配合，马云在许多地方无法施展拳脚，更别提有开创性的贡献了。

后来，马云得到雅虎、孙正义的投资，以及早些时候高盛给阿里巴巴的500万美元投资，都离不开蔡崇信的运作。马云曾经这样评价蔡崇信："他是专门负责和投资人对话的，我有一个重大的涉及股东利益的想法时，先让蔡崇信明白，他再跟投资人讲明白。"

蔡崇信出生于台湾，毕业于美国耶鲁大学，后来在香港做投资。本来，他要投资阿里巴巴，但是投资没成，后来干脆投身阿里巴巴。蔡崇信的妻子对马云说："让他加入吧，否则他会后悔一辈子。"

除了冲在一线的战队成员，马云取得成功还离不开在背后提供支持的妻子张瑛。她是马云教书时的同事，最后成了马云的人生伴侣加事业伙伴。在事业上，张瑛有着出色的经营头脑，但是为了家庭毅然于2004年12月宣布退居幕后，当时她担任阿里巴巴中国事业部总经理。

宣布退出的那一刻，很多人依依不舍。但是张瑛非常果断，她说："公司到了这个时候，让别人看见阿里巴巴CEO马云的夫人在公司里，不管你做得怎么样，别人看你的眼光都会不一样。"

马云说，"张瑛以前是我事业上的搭档，我有今天，她没有功劳也有苦劳。我一直把她当作生产资料，不过作为太太，她更适合做生活资料。"一个成功的男人背后一定有一个伟大的女人，此言不虚。

独木不成林，一个好汉也需要三个帮。成功永远不是独角戏，我们要善于发现并且珍惜创业路上遇见的伙伴和贵人，因为他们能够为你带来实实在在的帮助。事业的成功，除了需要良好的个人素质之外，最重要的是需要身边的人鼎力相助。好莱坞流行一句话："你的成功与否不在于你是谁，而在于你认识谁。"

第13章　马云谈创意

创意要随市场而动，随客户而动

整个世界都在为互联网喝彩，它像一个贪心的孩子，在急速地成长，急速地完成换代周期。可以说，创新几乎成了互联网发展唯一的原动力。没有高超的创意和创新能力，没有在变化之前占尽先机的睿智，阿里巴巴绝对不能走到今天。

倒立看世界，一切皆有可能

如果你倒过来看世界，它会变得不一样。

当我们觉得自己没有任何机会，已经走到尽头的时候，不妨转换一下思维，或许会发现不一样的世界，产生豁然开朗的感觉。“山重水复疑无路，柳暗花明又一村”，描述的就是这种状态。我们如果能够换个角度考虑问题，或许就能看到不一样的天空。

不因眼前的处境局限自己的世界，求变求新才是长久之计。马云是一个有大格局的人，他坚持逆向思考，最终带领阿里巴巴取得了辉煌的成就。

阿里巴巴的必修课之一是“倒立”。2005 年，阿里巴巴员工倒立的照片被刊登在了《福布斯》杂志上。这组照片里的动作被称为是阿里巴巴员工的“招牌动作”。马云为了培养员工突破自我局限、从不同角度观察世界的能力，要求员工必须在 3 个月内学会倒立。男性保持倒立的姿势 30 秒才算过关，女性则要 10 秒。

如果无法完成倒立动作，就算这个员工在其他方面多么优秀，阿里巴巴也不会录用。为什么这样要求员工呢?

马云有自己的解释：第一，因为倒立可以锻炼身体，有了好的身体才能更好地为公司服务，也才能更好地生活。这个运动不需要什么器械辅助，随时随地就能完成。第二，通过练习倒立，促使职员不再从单一的角度看问题，而是通过另一种眼光进行换位思考。这无疑有利于培养员工的创新思维。

真正具备创新精神的人往往不按照常理出牌，当大家一窝蜂地涌向同一个方向的时候，他们通常能够独辟蹊径，在看似死胡同的地方开出一条新路。他们善于打破常规思维，最终收获不同凡响的成功。

面对困境的时候，换个角度想问题就会有不同的结果。那些看似是死胡同的路，如果从另一个角度看，你就会发现它原来是一条康庄大道。不过，做出改变需要很大的勇气，需要做好挑战自己的准备。

有些目光短浅只看到短期利益的人，会认为服务是这个世界上最高昂的浪费。这种观点是完全错误的。21 世纪最大的竞争是什么？有人说是人才的竞争，有人说是产品。比尔·盖茨却说："在 21 世纪，服务才是最大的竞争力，所有的行业都是服务行业。"

这提醒我们，不能因为狭隘的眼光，将自己局限在狭小的世界里。每个人都应该正视这样一个事实：在高度竞争化的社会，优质的服务才能提高竞争力。年轻人最具创意思维，不应陷入守旧、固化的窠臼，对人生失去想象力。

《围炉夜话》中写道："为人循矩度，而不见精神，则登场之傀儡也；做事守章程，而不知权变，则依样之葫芦也。"作为年轻人，我们不能只是勤勤恳恳、循规蹈矩，总是模仿别人，而不进行自我创造、自我创新。敢于打破常规思维考虑问题，敢于挑战既有的规矩，才能发现不一样的世界，取得更大的成就。

哪里有抱怨，哪里就有机会

先了解市场和客户的需求，然后再找相关的技术解决方案，这样成功的可能性才会更大。我们感悟到为客户服务是真谛，多为客户着想。客户满意了，企业才会成功。

在纯粹竞争的行业里，抓住客户才是商业的根本。如果一个创业者并不打算依附于体制赚钱，那么他就应该把最大的精力投放到对客户需求的了解上，从而引导客户购买本企业的产品或服务。

阿里巴巴的成功表面上看是商业模式、经营战略的胜利，但在本质上得益于马云真正把客户放到了第一位，把为客户创造价值放到了第一位。

在阿里巴巴，客户的利益高于一切。客户的利益从哪里来？当然要看客户的需求是什么，而客户的需求又从哪里来？这就考验阿里人的智慧了。很多时候，客户不会表明自己的真实想法，经营者必须为此下一番工夫。

杭州有一家很有名气的饭店，有时需要提前几天才能约到座位。这一天，马云带着一个客户到这家饭店用餐，点好菜便等着用餐。过了一会儿，餐厅经理走过来，对马云说：“先生，您可以重新点菜吗？”

马云非常疑惑，问道：“为什么？我们点的菜卖完了？”经理笑着回答：“不是，是您点的菜不合适。您点了四个汤一个菜，回去以后一定会说我们饭店的菜不好，实际上是您点的菜有问题。我们这里有很多好菜，您可以点四个菜一个汤。”

这家饭店的确在为客户着想，而且及时纠正客户的失误。客户满意了，为饭店赢得了声誉，会为饭店带来很多潜在的客户。

许多时候，发现客户需求离不开创意性思维，从不同的视角看问题。那么，如何了解并引导客户需求呢？马云从阿里巴巴的管理实践中为创业者提出了以下建议：

第一，用提问的方法了解客户需求。

要了解客户的需求，最直接、最简单而最有效的方式是向对方提出问题，通过对方回答的问题知道自己想要的答案。比如，你可以直接向对方提问：“请问您需要哪方面的服务呢？”也可以有选择地提问：“您觉得 A 和 B 哪个方案更适合您呢？”还可采用征求式提问：“您是否满意我们的产品？您觉得有哪些地方需要改进呢？”

第二，通过倾听客户谈话了解客户需求。

马云的演讲能力很强，但是他更善于倾听。他喜欢倾听一切声音，只要对阿里巴巴有利的都愿意听，尤其是来自客户的声音。马云认为，与客户进行沟通时必须集中精力，认真倾听客户的回答，站在客户的角度理解谈话内容，摸清客户在想什么、需要什么。只有尽可能多地了解对方的情况，才能为其提供满意的服务。

第三，通过观察了解客户需求。

与客户沟通的时候，我们要眼观六路、耳听八方，通过观察对方的非语言行为（比如眼神或肢体语言），了解其欲望、观点和想法，进而掌握他们的需求。有时候，客户会对你的产品和服务不满，表露出抱怨的眼神和情绪，这时候要从中发现有价值的情报，为商业决策提供科学依据。

在阿里巴巴，马云经常化身为客户，充当“抱怨者”的角色，对他认为不满意的地方喋喋不休地批评。马云认为，在产品流入社会之前，就应尽可能地杜绝客户产生抱怨。顾客的抱怨虽然对企业来说不友善，却非常有价值。如果诚心诚意地处理顾客的抱怨，往往会不经意地发现新的需求。这就是抱怨的商业价值。

天才的构想是人生出彩的关键

阿里巴巴发现了金矿，我们绝不自己挖，而是希望别人去挖，他们挖了金矿给我一块就可以了。

阿里巴巴创立之初，马云提出了一个口号：“不打甲 A，直接进世界杯。”这句话的意思是阿里巴巴定位不仅仅限于中国，而是面向全世界。虽然有人持反对态度，但是马云依然坚持自己的想法。确立了全球化的目标后，接下来要想一个全世界人容易记的名字。

让公司的名字响当当，并不容易实现。世界上有无数种语言，想让大家记住太难了。有一次，马云在一家美国餐厅吃饭，突然想到了“阿里巴巴”。

为了测试这个名字的知名度，他找来餐厅的服务员，问对方是否听过这个名字，服务员说听过，并且还跟马云说“打开阿里巴巴宝箱咒语是‘芝麻开门’”。随后，马云又询问了许多人是否听过阿里巴巴的故事，几乎所有人都做出了肯定的回答。针对不同语种，阿里巴巴的读音都十分相似。这让马云感到十分惊喜，于是将公司的名字定为“阿里巴巴”。

“阿里巴巴”不仅好读好记，更深层次的原因是马云想做一个全球化的公司，希望它能跻身全球十大品牌行列。既然公司定位是全球化，那么一定要有一个优秀的品牌，响亮的名字是关键。

确定好名字之后，马云在等待一个机会，一个可以让他直接走向世界的机会。1999 年，当参加完亚洲电子商务大会时，敏锐的马云已经意识到一个伟大的时刻即将到来。当时许多企业认为自己已经完成了全球化，可是全球化并不是请几个外国员工，或者海外建厂那么简单，真正的全球化首先要扩大自己的知名度。

为了提升阿里巴巴的知名度，马云做出了很大努力。从 1999 到 2001 年，阿里巴巴的活动基本是在欧美等地区进行，马云也在欧美地区做过多次演讲，极大地提升了公司的影响力。现在，许多人认为阿里巴巴在国外的知名度比在国内大，能有这样的结果靠的是马云不同于一般人的天才构想，以及脚踏实地的执行能力。

《孙子兵法》有这样一句话：“凡战者，以正合，以奇胜。”商场如战场，这句话告诉我们一定要拥有独特的思想，创造出不同于常人的方法，因为天才的构想是人生出彩的关键。一个人如果没有自己独特的思维，凡事都按照大多数人的想法行事，很难做出开创性的贡献。

2016 年 3 月 23 日，马云在博鳌亚洲论坛上首次提出“世界电子贸易平台”概念，呼吁帮助中小企业、妇女和年轻创业者进入全球市场，进一步实现全球贸易无障碍化。

eWTP 是中小企业在全球范围内重新制订贸易规则的基础，能简化通往消费者的渠道、大幅降低中小企业的贸易成本。此外，通过应用线上支付工具，也可以为中小企业的现金流和营运资本带来帮助。

值得一提的是，马云推动 eWTP 写入二十国集团领导人峰会公报，成为践行“一带一路”的重要民间力量。

马云一直被视为“怪人”，这个“怪”字并不是贬义词，而是指他的思想不同于一般人，他的想法总是与众不同而又充满创意。马云经常说：“如果一个领域被所有人看好，那么我们就不会再进去。因为这么多竞争对手，市场必定会在短时间内饱和。而当大多数反对的时候，我们反而看到了机会，往往能够挖出别人没有开采过的宝藏。”正是凭借天才的构想，马云一次次超越自己，成为这个时代的楷模。

真正的商机不是和别人抢来的，而是创造出来的。别人做不了的事情你去做，那你就开辟了一个新的市场。当别人还在一个狭小的市场里激烈地竞争时，你早已经在新的市场创造了新的财富。有了新的财富观，手中的钱才会活起来；有了新的理财思路，你资产会快速增长；有了新的创意，则会让找到赚大钱的新路。

越优秀的模式越简单

越优秀的模式越是简单，那些繁琐的流程只能影响工作的效率。

俄罗斯人，尤其是俄罗斯军人，最崇尚“简单就是美”，俄罗斯的军火制造简单，甚至可以说粗糙，但是他们的 AK–47 还是火遍了全球，甚至美军在越南战场上都丢下了精密的自动步枪，拾起了俄罗斯人简单而实用的武器。

这个道理在创业上一样适用。最简单的模式，就是最赚钱的模式。很多人都认为，赚钱的方法很多，每种方法和模式都有着复杂的运作方式，都经过了精密的推算和市场调研，很多人都小心翼翼，唯恐一步走错导致满盘皆输。

但是马云并不着认为，他说：“复杂的事情简单做，简单的事情认真做，认真做的事情反复做，反复做的事情创新做。”这个道理听起来很简单，人人都懂，但是真正敢于实践的人却寥寥无几。

虽说什么方法都能赚钱，但是越复杂的模式、越复杂的方法注定效率低下，就算赚钱也只能赚小钱。只有简单的模式，在万法归一的条件下，才能赚大钱。

马云借助阿里巴巴的资源，再借助淘宝网的平台，完成了卖家和买家的整合，打通了传统 B2B 和 C2C 的隔阂。这种模式将商家和顾客全部吸引到淘宝网这个平台上，阿里巴巴通过商家的一层中转，将货物销售给消费者，这样虽然利润会少一些，但是这个模式会带来庞大的消费者资源，销售量自然会暴涨。

马云推出这个新模式之后，遭到了广泛的质疑，有人认为这是异想天开，甚至在公司里都有反对的声音。然而，时间证明这种新型模式是可行的，不仅为企业带来了相当可观的利润，更为淘宝网带来了大量的搜索量和信息源，仅靠这些搜索就获取了巨大的广告收益。

最优秀的模式往往是最简单的，但是自从人们讲究细节之后，繁文缛节就多起来了，似乎不复杂就显得不专业。结果，人们忙忙碌碌地寻找所谓最高级的商业模式，最有核心价值的东西却悄悄地从身边溜走了。

阿里巴巴的工程师在得到马云推出免费产品的指示之后，第一个想法就是把产品做复杂，产品做得复杂了，客户才会觉得物有所值，这样一来将来收费的时候就可以简单一点。所以阿里巴巴的产品越做越复杂，越来越让人难以捉摸。直到有一天，马云问他们，阿里巴巴最初的使命是什么？工程师们才醒悟过来。

阿里巴巴的使命是让天下没有难做的生意，既然如此，何必把那些产品做得那么复杂呢？从此，阿里巴巴的产品做得十分简洁，客户使用起来十分方便，也十分高效，得到了用户的极大认同。

正是因为阿里巴巴有了使命感的驱动，做出了足够简单的产品，才会使得关注阿里巴巴的人越来越多，最后才能发展成今天的电商帝国。企业也一样，也需要坚持简单管理，追求内部交流和沟通的务实高效，避免将简单的事情复杂化。

显然，如果创业者能够将事情化繁为简，那么在用人、培养人和团队建设方面都会有很大进步，而且在产品方面也会有飞跃性的进展，为企业的良性循环和品牌建设奠定坚实的基础。

借助名人营销扬帆起航

我说互联网将改变人类生活的方方面面，没有人相信我。所以我说“比尔·盖茨说互联网将改变人类的方方面面”，结果很多媒体就把它登出来了。但是这句话是我说的，1995年，比尔·盖茨还在反对互联网。

世人对政治家、科学家、作家，尤其是著名演员、运动员有一种崇拜心理，如果这些名人使用或赞美了某种商品，往往能极大地提升这种商品的知名度。例如，美国派克钢笔当年的一句广告词是：总统用的是派克，同时刊登了一张罗斯福总统正用派克笔在一份文件上签字的照片。于是，派克笔就成了驰名国际的名牌钢笔。

在大众传媒的时代，名人营销越来越能吸引消费者的眼球。作为一种公关传播与市场推广手段，名人营销集新闻效应、形象传播、公共关系、客户关系于一体，为企业的新产品推介、品牌展示创造机会，并能建立品牌识别和品牌定位，是一种能快速提升品牌知名度与美誉度的营销手段。长时间以来，阿里巴巴也是名人营销的受益者。

马云是一个善于出奇招、用奇谋的传奇人物。阿里巴巴的武侠文化可以说人尽皆知。在阿里巴巴，马云不叫马云，叫风清扬；阿里巴巴总部有个办公室叫“光明顶”；核心技术研究项目组名叫“达摩院”……马云是一个地地道道的金庸粉丝。

2000 年 7 月 29 日，马云到香港出差。在一位记者的安排下，他终于见到了心中的偶像——金庸。那一天，马云异常激动，与金庸整整谈了三个多小时。期间，马云大谈江湖、武功招数、太极拳、独孤九剑、风清扬，当然，更不忘谈网络和软件。整个过程中，金庸没说几句话，从头到尾都是马云在喋喋不休地说。临别，金庸为马云手书“神交已久，一见如故”。从此，两人成了忘年交。

2000 年，马云两度成功融资之后，手上已持有 2500 万美元的资金。为了进一步提升阿里巴巴在业界的知名度，他想出了“西湖论剑”的营销策略，邀请金庸主持此次论坛。

金庸对网络精英们的号召力是很强的，在名人效应的驱动下，搜狐的张朝阳、网易的丁磊、新浪的王志东以及 8848 的王峻涛都决定赴约。此外，加拿大驻华外使、英国驻沪总领事以及 50 多家跨国公司的驻华代表也前来参会，同时前来的还有上百名记者和 600 多名各行各业的观众。

在“西湖论剑”之前，阿里巴巴当时的实力与前三名网站的实力相差不少。正是“西湖论剑”奠定了马云在中国 IT 行业的影响力，结果原本在国内声名不显、名不见经传的阿里巴巴已经与各大网站同享盛名。

不得不说，金庸是马云的贵人。马云借势金庸的名人效应成功举办了第一届“西湖论剑”，为阿里巴巴带来了一场思维的盛宴和全新的发展机会。

除了与金庸有忘年之交，马云与美国前总统克林顿也私交甚好。而且，克林顿同样是马云和阿里巴巴的贵人。

2005 年 9 月，马云着手组织第五届“西湖论剑”。以前，各届都请到了一些知名人士演讲，这届邀请哪一位名人呢？马云想来想去，决定邀请美国前总统克林顿。众所周知，克林顿一直是备受争议的人物，也是一位演讲天才，曾在世界巡回演说，现场每次都座无虚席。

2005年9月10日，克林顿应邀来到杭州，在马云主办的“西湖论剑”上演讲。他对中国互联网的前景及电子商务发展给出高度评价，尤其对马云进行了赞赏，笑称其“小个子、大梦想”。克林顿还说：“互联网是马云们的乐园。”

克林顿在“西湖论剑”上的演讲和言论被国内外各大报纸争相报道，并被刊登在了美国《商业周刊》杂志上。勿庸置疑，媒体报导最多的还是“小个子，大梦想”的马云和他的帝国——阿里巴巴。由此，马云借势名人效应又一次大获成功。

2009年9月11日，2009APEC中小企业峰会在杭州举办，会议主题为“小企业，大梦想”。会上，马云又一次见到了老朋友克林顿。与以往不同，这次双方是通过视频对话见面。在视频对话中，马云与克林顿讨论了亚太小企业的机遇与挑战。

当时，会议时间是北京时间中午10点25分，而美国时间却是晚上11点左右。虽然是深夜，但是克林顿精神很好，脸上写满了真诚。克林顿调侃道：“我一直在线上等待马云，为APEC中小企业峰会致辞。”这可能是一句场面话，却能看出克林顿与马云的关系非同一般。

2014年，在一年一度的“克林顿全球计划”大会上，克林顿还盛赞马云和阿里巴巴，称马云和阿里巴巴一直把客户放在首位。不言而喻，从某种程度上克林顿又一次把阿里巴巴向前推进了一步。

正是巧用金庸、克林顿等名人效应，马云在这些名人的大旗下扬帆起航，阿里巴巴才如翱翔苍穹的雄鹰一般在行业内越飞越高，越做越大。

在创业之路上，有很多小生意因本身的规模和赢利空间限制，如果按照一般的广告操作模式很难取得令人满意的效果。如果能找到大众关注的名人推荐，哪怕是一句不经意的话往往也能令你的产品名声大震。

第14章　马云谈战略

始终做对的事情，再把事情做对

马云说："我们要看清楚未来十年、二十年、三十年，这个社会碰到的最大问题是什么。如果今天人类的做法，在一二十年以后一定会出现问题，那么我们今天开始行动，坚定这个方向，到时候问题出来的时候我们有解决方法，这就是未来的战略。"

永远眺望远方，永远思索明天

发令枪一响，你没时间看你的对手是怎样跑的。只有明天是我们的竞争对手。

商场上竞争与置身赛场一样，当裁判的发令枪一响，你哪还有时间分析对手跑步的姿势、呼吸的频率，你能做的就是全力以赴地调整好自己的步伐和呼吸，尽最大努力跑得比自己以前更快。我们最大的对手是自己，因为明天决定了你的一切。

马云以自己的亲身经历提醒我们，敌人千千万万个，如果要一一与之竞争，那么只会是筋疲力尽。真正的对手是明天，企业如何做到明天比今天好，才是最重要的。

如何把明天当做竞争对手，接下来又该如何做，马云的经验是全力创新。创新，就是创造新的价值，不是因为你要打败对手而创新，更不是为了出大名，而是为了社会、为了客户，为了公司的明天。创新不是为了与对手竞争，而是和明天竞争。真正的创新一定是基于使命感进行分享，把自己的经验和学到的东西与人分享。

多年来，马云一直在创新，并且不只是外在的创新，企业内部也要有创新机制。他说，与明天竞争最重要的是提升自己的创造力，除此之外，我们还可以通过其他方式来提升自己的竞争力，收获一个美好的明天。

除了创新之外，马云还把竞争的重点放在明天的信用之争上。他说，未来企业家之间不是文凭的竞争，而是信用的竞争。

2003年，整个淘宝的交易额不到一个亿，到了2014年则超过了1万亿。网商从一个概念到今天变成了中国主要的商帮力量，在改变、影响着中国人的消费观念和习惯。

马云说，前三十年我们以模仿、抄袭、山寨为主，我们拥有知识产权的既得利益者群体很小，而西方这个群体非常庞大，并且他们懂得如何保护自己。马云相信，建设并且保护好自己的品牌将成为网商的趋势，时代在改变，很多事情有时候就是水到渠成的结果。未来网商将成为中国经济的主导力量，中国经济一定更加有秩序，马云对这一点深信不疑。

由此可以看出，马云的眼光从来没有停留在现在和昨天，而是永远在眺望远方。所以他并不在意目前的对手，因为在他心中，只有赢得了明天才是真正的胜利。

马云认为，企业家要学会倾听消费者，倾听市场，因为市场决定未来。企业创业之初，力量薄弱，你拿什么和别人竞争？所以与其撞破头和别人比来比去，倒不如用明天的自己来激励今天的自己。

阿里巴巴起步时，只有5万元启动资金，跟其他竞争者相对比简直就是小虾米对抗大鲸鱼。所以，马云没有挖尽心思设想如何打败对手，而是思考如何把公司做大做好做强。在管理实践中，他不懂技术，但是非常尊重技术，尊重技术人员和工程师，认为他们是把理想转变成现实的人，是未来的创造者。

后来，在阿里巴巴发展的每个阶段，马云都充当了开拓者、布道者的角色，为公司发展指明方向，让员工知道应该朝着哪个方向努力。

2014年，马云提出全球化、农村战略、大数据和云计算“三大战略”，后来云计算业务以连续保持100%左右的速度增长，成为阿里新业务增长点。

2016年，马云提出了“新零售、新制造、新技术、新能源、新金融”的“五新”战略。“新零售”在大数据、云计算和智能物流等技术加持下，打通线上线下，推出生鲜零售“新物种”，扩张凶猛。

马云说自己从来没有想到阿里巴巴、淘宝会发展到现在这个程度，这让他反思为什么会有这样的发展。最后，他得出结论：这个时代是一个充满抱怨和竞争的时代，这是一个变革的时代，所以我们不能只看眼前，要放眼未来，从而占领市场的制高点。

明天是没有尽头的时间隧道，它是未知的，是神秘的，却又充满了希望与梦想。明天蕴藏着无数的宝藏，等待着有心人去发掘和开采。明天有机遇，需要你去把握，明天有奇迹，等待你去创造。与其浪费时间和竞争对手兜圈子，倒不如安下心来认真做好自己，为明天积蓄力量、打好基础。

工欲善其事必先利其器，美好的明天不是一蹴而就的。如果想在激烈的市场竞争中处于主动地位，必须不断地学习知识、技术。明天是我们的对手，所以不能裹足不前，而要真正地提高自我。面对竞争对手，不妄自尊大，不妄自菲薄，坚守自己的原则，踏踏实实地工作，才能离成功的目标越来越近。

小公司的战略是活下来，挣钱

战略有很多意义，小公司的战略简单一点，就是活着，活着最重要。

万事开头难，经营公司也是如此。资金、技术、人员、市场，以及想象不到的各种困难，都在考验领导人的胆识、气魄和智慧。如何走好第一步，是公司将来能否做强，以及有没有机会做大的关键。

马云说："小公司的战略就是两个词：活下来，挣钱。"无数企业家和创业者以他们的亲身经历告诉我们：企业生存永远是第一位的，至少在创业阶段，先挣到钱、活下来，然后再考虑进一步发展壮大的问题。

在创办阿里巴巴之前，马云已经事先和"十八罗汉"约好："500块钱人民币一个月的工资，租不起办公室，只能在我家里上班，所有人租的房子必须离马云家步行五分钟的路程，十个月以内大家将会非常非常的辛苦，没有一天休息……"

创业之初，最大的问题就是钱。马云盘算着如果有 50 万块钱就可以支撑 8 ~ 9 个月，做到一定程度之后可以找投资，公司就能正常运转下来。但最初这 50 万块钱从哪里来呢？于是，他召集团队开了第一次创业动员大会。

马云说："大家把口袋里的钱都放在桌子上，当然，必须是这几年的积累。第一不许向家里借钱，第二不许向朋友借钱，必须是自己出钱。"后来，他解释说："我不希望有一天做失败了，这些人的父母说'马云把我所有的钱全弄光了'，所以当时跟大家都说得很清楚。"于是，大家凑足了 50 万块钱，开始了创业生涯。

随后，大家封闭式地埋头苦干了大半年，直到有一天接到美国 BusinessWeek 商业周刊打来的电话，对方准备进行采访。这是阿里巴巴第一次面对媒体，记者进屋一看，大吃一惊。因为这简直就是一个破烂工厂，有睡着的，有躺着的，阿里巴巴当时创业的情景令人咋舌。当时，团队中最流行的一句话是："红旗到底能扛多久？"

阿里巴巴原计划熬到 12 月份，然后融到资金；但是，50 万元根本不够用，眼看着就熬不过去了，团队连工资也不发了，而马云自己则已经准备好了卖房子。快断粮的时候，很多风险资本商闻风而来，一切有了转机。

当时，阿里巴巴经过预算，大概需要 300 万美金才能发展起来。凭借良好的名声以及人脉资源，全世界最大的投资银行高盛一下子就投资了阿里巴巴 500 万美元。正因为有了这笔钱，马云才带领大家度过了创业后的第一次经济危机。自此，阿里巴巴更上一层楼，进一步提升了在 B2B 电子贸易市场的地位。

在一次演讲中，马云开诚布公地说："近年来，中国的中小企业像雨后春笋般冒了出来，但很快又大批倒下去。因此，中小企业首先要考虑的是如何生存下去，其次才是发展和壮大。"

创办一个公司很容易，但是让公司活下去很难。100 个人创业，有

95 个人是无声无息地死掉，还有 4 个人是听得见惨叫声地死去，剩下的那一个虽然暂时活下来了，但可能明天就会死去。

许多人在创业之前总有一个美好的设想，但是往往走到那儿的时候发现它并不美好。创业过程发现这个不成，那个也不好，这时候毅力就显得特别重要。当然，最重要的是把赚钱放在第一位，有了资金，就有了活下去的机会。

快乐产业是一门好生意

如果我没有看过《天下无贼》，那么淘宝就不会有这么大的改变；我看过《天下无贼》后，才明白娱乐代表未来。如果不能把握未来，就像今天不知道超级女声，你可能不知道这世界上很多事情在变化。

在广告铺天盖地而其效应却逐渐下降的情况下，很多企业越来越倾向于借助时尚文化和潮流进行营销突围。2005 年，一场大众化的娱乐选秀节目《超级女声》红遍了中国大江南北。在那些选秀获胜者瞬间成为万人追捧对象的同时，赞助商蒙牛集团更是“一朝成名天下知”，赚得盆满钵满。

在一切资讯娱乐化，连生活方式也娱乐化的时代，马云也开始把“触角”伸向娱乐领域，且成为娱乐营销的高手。

2004 年 4 月，淘宝网和《天下无贼》制作方进行合作，由此马云打响了一场娱乐营销的经典战役。除了常见的海报宣传、广告贴片、新闻发布等宣传推广手法，马云还在影视副产品网络合作开发和网络增值方面与制片方建立了伙伴关系。

于是，观众欣赏影片时，能看到“淘宝网”的小旗。此外，《天下无贼》中所有明星使用过的道具也被摆到淘宝网上拍卖。一部《天下无贼》，让淘宝网赚尽了风头，乃至后来马云感叹：“有品位、时尚的娱乐必须引导未来的趋势。”

继《天下无贼》后，马云又出资1000万元与《头文字D》合作，并成为该片最大的赞助商。淘宝还冠名了影片推广的两个主要活动——“淘宝网杯漂移女郎”选拔赛和“淘宝网杯漂移王”大赛。在此后的一段时间里，淘宝网和《头文字D》一起成为大众和媒体关注的焦点。

2005年2月，淘宝网的网络交易支付工具“支付宝”全面升级。为了给“支付宝”宣传造势，马云联合华谊兄弟公司为支付宝量身定做了“傻根”这一角色，把“支付宝”广告植入《天下无贼》。广告片延续了电影的故事：傻根不傻了，他通过“支付宝”将其挣得的6万元辛苦钱汇到了老家，也免掉了汇款“可以买一头驴”的手续费。其中“用支付宝，天下真无贼”的广告词，使“支付宝”的安全理念生动地传达给了公众。

2005年8月，阿里巴巴并购雅虎中国。但是，在雅虎中国面前横着两座大山——Google和百度。如何才能越过前面的两座大山成功登顶呢？为此，马云可谓费尽了心思。

2006年新年刚过，马云便花3000万元邀请陈凯歌、冯小刚和张纪中三位著名导演拍“雅虎搜索”的盛大新闻发布会。发布会上，马云表示：“雅虎从此要踏入中国娱乐圈。今年要大搞娱乐营销，推广雅虎的搜索业务。娱乐内容是网民最为关注的互联网内容，雅虎要成为中国第一搜索网站，必须全心投入娱乐，引导娱乐。”

娱乐营销是马云为雅虎中国准备的一条锦囊妙计。这一年，他先后以8000万元夺得央视标王、成为华语音乐榜中榜首席赞助商……马云一头扎进了品牌娱乐秀中，从而把娱乐营销推向了高潮。

2013年9月，阿里巴巴推出了一款即时通讯软件——“来往”，“来往”是阿里巴巴第一款独立于电商业务之外的社交产品，其核心功能是实现熟人之间的社交。2013年11月21日，阿里巴巴在杭州给“来往”搞了个“满月酒”，请来了湖南卫视热捧的三位明星——白举纲、周笔畅、杜海涛，一位永远充满争议的80后跨界人物——郭敬明，一位争头条的绯闻男歌手——汪峰，而陪同他们站台的正是阿里巴巴总裁——马云。

马云为娱乐营销站台还是第一次。为了拉动“来往”的年轻用户，他与影视明星打成一片，并频繁加演艺圈人士为“来往”好友。

在马云的计划中，“来往”不仅要办“满月酒”，还要办“百日宴”“周岁庆”。也就是说，阿里巴巴未来还会请更多的明星为“来往”站台，吸引年轻粉丝的注意力。

几次娱乐营销之后，马云与影视娱乐行业结下了不解之缘。近年来，他还搞起了娱乐投资。从娱乐营销到娱乐投资，马云的娱乐营销理念越来越成熟，越来越大胆创新，也越来越有助于阿里巴巴和淘宝的发展。

不可否认，与其他类型广告相比，娱乐性营销广告更易于被公众接受。人们在捧腹大笑后会留下深刻的印象，最后潜移默化地发生消费行为。娱乐营销作为一种战略，尤其是作为一种互联网企业的新营销方式，今后必然会被越来越多的企业采用。

未来企业家之间的竞争，是信用的竞争

我更相信，未来企业家之间的竞争，再也不是谁先掌握政策，谁先有货币，谁有更多的资本，或者谁有一个叫李刚的父亲。未来企业家之间的竞争，不是文凭的竞争，而是信用的竞争。谁信用越好，谁越会成功。

经常网购的人，恐怕没有人不知道支付宝。支付宝，与阿里巴巴集团为关联公司，两者在企业管理和文化上有大量的共通之处。

2004年，马云发现中国电子商务市场上存在一个问题，那就是网商购物发展缓慢，原因就在于卖家和买家谁也不相信谁。买家不敢轻易打钱，担心钱打过去却收不到货，又担心收到的货以次充好。

针对这一现象，马云为淘宝网开发出一项新的功能，就是要求买家

将钱通过支付宝打到淘宝网，然后卖家发货；买家在收到货确认之后，卖家方能收到由淘宝网通过支付宝收到的货款。如果商品存在问题，买家可以提出申请退款，淘宝网将通过支付宝将钱退还给买家。这样一来，买家和卖家都吃了一颗定心丸。

2005 年 2 月 2 日，马云又推出了“全额赔付”支付，提出“你敢用，我敢赔”的承诺，这极大地增加了支付宝的信誉度，收获了众多用户的信任。

支付宝致力于为用户提供简单、安全、快速的支付解决方案，旗下有支付宝和支付宝钱包两个独立品牌。自 2014 年第二季度开始成为全球最大的移动支付厂商，支付宝已经成为全球领先的第三方支付平台。

信用，是一切商业交易的根本，也是电子商务的基础和依托。说到底，支付宝是一个信用中介。马云重视这个信用中介，将这个看似虚无缥缈的东西转化为实实在在的金钱，足见其深谋远虑的战略眼光。

当然，支付宝的发展之路并非一帆风顺，也曾遭遇过信任危机。关键时刻，马云采取有力措施度过了危局，让支付宝迎来了发展的春天。

2008 年，由于部分网友利用支付宝进行信用卡“套现”，民生银行停止了在信用卡业务上和支付宝的合作。“支付宝靠得住吗？”许多人都在发出这样的疑问。一时间，支付宝被推到了风口浪尖。

事件爆发以后，支付宝公关部相关负责人马上向媒体声明，在当前的技术手段和法律法规之下，想彻底防范通过“支付宝套现”的行为还办不到，而支付宝能做的就是通过对用户的交易记录进行观察来猜测用户是否在套现，一旦发现就实施封号的处罚。

多年来，支付宝一直饱受质疑，原因是网络诈骗频频出现。为此，阿里巴巴的做法是自曝家丑。2011 年，阿里巴巴遭遇了最大的一次信任危机。马云只好挥泪斩马谡，以高管引咎辞职的激烈方式处理了此次信任危机。阿里用这种从内部处理的方法，重塑并坚持公司的价值观，维护自己的信用。

另外，支付宝还致力于慈善事业，承担相应的社会责任，提升自己的信誉度。“世界的改变不是少数人做了很多，而是每个人都做了一点点。互联网可以让每个人‘做一点点’的机会更多、更方便。”支付宝秉承这一公益理念，为公益机构提供免费的即时支付服务，以汶川地震开通网络募款通道为例，包括希望工程、中国扶贫基金会、中国儿童少年基金会、壹基金等300多家企业、公益机构都接入了支付宝，支撑了中国公益九成以上网络募捐站点。

马云说：“我更相信，未来企业家之间的竞争，再也不是谁先掌握政策，谁先有货币，谁有更多的资本，或者是谁有一个叫李刚的父亲。未来企业家之间的竞争，不是文凭的竞争，而是信用的竞争，谁信用越好，谁越会成功。”

人无信，无以立，何况一个公司！马云为支付宝坚守自己的信用，既是为了对得起广大用户，也是为了阿里巴巴的长远发展。信用，对一个企业来说有多重要，就像血液对生命的重要性一样。任何时候，我们一定要为自己的信誉而战，因为丢了它，你将溃不成军。

上市只是一种策略和手段

上市从来就不是我们的最终目标，它是我们实现自己使命的一个重要策略和手段，是前行的加油站。

2007年11月6日，阿里巴巴经过18个创始人8年的励精图治的奋斗，终于成功登陆香港股市，完成了上市的壮举。并且，阿里巴巴以4500亿的冻资额成为香港市场有史以来规模最大的上市网络公司，凭借出色的表现被《亚洲金融》评为2007年度“最佳IPO”。

创立阿里巴巴之初，马云的目标是建立一个中国人自己的全世界范围的互联网公司，并且能够成为全球范围内前十名的网络公司。经过团队的不懈努力，再加上互联网市场的蓬勃发展，马云的目标终于实现了。

多年来，阿里巴巴一直坚持“让天下没有难做的生意”这个使命，贯彻“客户第一”的价值观。由此，中国本土企业也产生了阿里巴巴这个世界级公司。

面对阿里巴巴成功在香港上市，马云表现得很淡定。几年前他就说过，上市只是一个“加油站”，并不是最终目标。他希望阿里巴巴能成为一个持续发展102年的企业，刚刚走过了8年，还剩下94年需要努力。上市对于马云来说只是一个小目标，此后他需要充满斗志地带领阿里巴巴实现更长远的发展。

在上市之前，马云就预见到了一旦公司注册登记书公布之后，阿里巴巴将面临各类社会评论。长时间以来，阿里巴巴接受了很多指责、批评甚至谩骂，但是马云没有迷茫，他决定用感恩和敬畏的心态作为回应，让时间证明一切。今天完成上市，马云也不会忘乎所以，而是一如既往地进行电子商务的建设，继续完成“让天下没有难做的生意”这个使命。

在马云眼中，中国电子商务才刚刚开始，需要3年甚至5年的基础建设，才能取得更大的发展。在2007年之前，马云就可以让阿里巴巴在香港上市，但是他认为那并不是一个好的时机。

上市对于阿里巴巴的作用主要在两个方面，第一是可以筹集到资金，在很大程度上壮大了公司的实力，借此进行技术创新和品牌革新。第二是上市需要对公司改制，转变为一个现代的公司，这对公司本身的制度创新和治理结构的完善，会起到非常重要的推动作用。

令人欣喜的是，阿里巴巴上市后并没有改变“客户第一，员工第二，股东第三”的原则。在某种意义上来说，上市其实是为了让阿里巴巴更有能力和资本帮助客户、支持员工、守护股东的利益。对阿里巴巴来说，上市是实现使命的一个重要策略和手段，是为了在今后的路上走得更加顺畅。

没有哪一家企业能够一帆风顺，阿里巴巴也一样，一直在坚持，一直在改变。马云的目标是做客户需要的企业，做市场需要的公司，为世界而变，为未来而变。在激烈的市场竞争之中，任何一个企业想存活，哪怕已经取得了不错的成绩，也不能松懈，只有不断地前行，不断地努力，才能让企业存活下去。

大部分公司推行股份制度，当公司发展到一定程度，上市就成为一个吸纳资金的好方法。然而一个有头脑的领导者能看清楚上市的两面性，所以在上市之前要权衡再三，不能贸然行事。

显然，是不是上市，什么时间上市，以及上市的目的如何，经营者不能盲从，需要始终以理性的态度去面对，既看到上市的好处，也注意到上市的不利影响，让“上市”成为做好生意的有力推手。

学会正确处理与政府的关系

无论你在哪里，政府是一样的。爱他们，但不要和他们结婚，不要和他们做生意。

在中国做企业，这在改革开放之前是想都不敢想的事情。1978 年十一届三中全会之后，中国开始踏上改革开放之路，直至 90 年代大批事业单位人员下海经商，马云便是其中一员。可是在中国这个特殊的环境里做生意，务必要处理好与政府的关系。

2011 年，首届世界浙商大会召开，马云就曾表示，阿里巴巴和政府、外界的关系处理得比较糟糕。

原来在 2011 年 10 月 10 日，淘宝网为了打假宣布大幅度提高年费和保证金。这一举措立即遭到了众多小卖家的不满，他们有组织地在网络上聚集起来，结成反淘宝联盟，并且对大商家进行恶意攻击，造成了非常坏的影响。

2011 年 10 月 14 日晚，商务部发布消息希望淘宝商城充分听取各方意见，采取积极行动回应相关商户，特别是中小商户的合理要求，并强调相关企业和个人必须通过合法途径表达诉求。

商务部的一纸声明，无疑是对淘宝网的重重一击。在商务部表态之后，身处国外的马云坐立难安，手写五个“忍”字后回到国内。他当机立断，出台5项新措施，投入18亿元资金，对新规进行了让步调整。

事后，马云对媒体说：“做企业很累，小企业累，大企业也累。”从这番话中，可以听得出马云的无奈。当有记者问他写的那几个“忍”字都是何含义时，马云回答说：“第一忍是十多年前，互联网不为人了解而被人称为骗子，当时初入互联网，也就忍了。第二忍是这次淘宝改革是为了未来，却没有想到不被大多数人理解，最后也只有忍了。”两个“忍”，透出了马云的辛酸。

中国的企业家想有所作为，将企业做大做强，以前可能更多的靠机会，因为那时候资源少、人才也少，大家的思想比较保守，所以首先突破思想牢笼的那些人能够抓住机会，获得发展。但是现在不同了，企业要更多地考虑社会责任，更多地考虑群体力量。其中，企业和政府的关系发挥着非常微妙的作用。

针对这次事件，业内人士普遍认为淘宝的妥协是迫于压力。对此，马云吸取教训，得出了要成为伟大的公司必须抓住三大机会，即处理三大“抱怨”：创造就业；扩大内需，让农村和农民都富裕起来；改变中国的环境。有人听了问马云，这不都是政府应该操心的事情吗？轮得到你管吗？马云坚持认为，只有企业承担起社会责任，帮助政府分忧解难，才会在社会大环境下健康地成长。

为此，马云没有像许多大企业一样吞并小企业，而是通过注资的方式支持中小企业，创造更多就业岗位。为了扩大内需，马云将目光转向了中西部地区。因为沿海地区富人聚集，但在未来中西部地区的潜力更大，那里有更多的人想致富，蕴藏着无限商机。最后，马云抓住环保这个机遇，卸任阿里巴巴集团CEO之后，次日便接受了一份新工作——大自然保护协会中国董事会的主席。

显然，马云这么做会受到政府的欢迎和重视，而且他也确实没有放过为政府出谋划策的机会。2013 年 10 月，国务院总理李克强在中南海主持召开经济形势座谈会，马云受邀出席，对淘宝网新经济效益给予了大力肯定。

如何处理好与政府的关系呢？马云提出一个理念，“只和政府谈恋爱，但不结婚。”在他看来，不管阿里巴巴发展得多快，绝对不和政府做生意。但是，如果政府需要企业，政府想听听企业负责人对经济发展的建议，那么他也将义不容辞地履行自己职责。

政府与企业的联系非常密切，而且两者的目标是一致的，都是为了大众服务。企业在与政府打交道的时候，需要牢记两点：一是知道该做什么，二是知道不该做什么。君子有所为有所不为，只有处理好企业和政府之间的关系，才能够在中国市场打拼出自己的一番天地。

第15章　马云谈执行

公司需要三流的点子加一流的执行

“如果有两种选择：一是一流的团队加三流的执行能力，二是三流的团队加一流的执行能力，我情愿选择后者。”只说不做是假把式，再好的想法如果没有实际有效的执行能力，那也只是纸上谈兵，毫无实用价值。所以在企业经营管理中，执行力比理念更重要。

养成高效工作的好习惯

高效的工作习惯是每个渴望成功的人必备的，也是每个单位都非常看重的。

阿里巴巴能够走到今天，除了坚持梦想，离不开整个团队强大的执行力。再大的梦想，再美好的规划，都需要执行到位。执行让阿里巴巴的战略变得越来越灿烂，执行让阿里巴巴的舞台越来越大。

马云曾将阿里巴巴称为“一支执行队伍而非想法队伍”。他在不同场合反复强调，有时候执行一个错误的决定总比优柔寡断或没有行动好得多。因为在执行过程中，你可以有更多的时间和机会发现并改正错误。

在日常工作中，阿里巴巴分布在各个地区的区域经理一旦接到总部的调令，二话不说就会做好准备，第二天整理好行李飞往新的区域、新的岗位，继续战斗。淘宝和阿里巴巴的邮件最后，大家都会有一个签名，那就是“此时此刻，非我莫属”。这是一种承担，是一种责任，背后依靠的是阿里巴巴员工习以为常的执行力。

多年来，阿里巴巴凭借高效的执行力获得了客户的信任。越来越多的客户愿意把自己赖以生存、发展的资源放在阿里巴巴、淘宝网、支付宝上，因为阿里巴巴的执行力让他们放心。

为了提升团队的执行力，马云常常给大家设定明确的目标。2003年，他为阿里巴巴制定了全年赢利1亿元人民币的目标，当时人们认为这是痴人说梦。但是，2003年底大家就实现了这一目标。2004年，马云又为阿里巴巴定下了每天赢利100万元人民币的目标，最终也实现了。2005年，马云为阿里巴巴定下了每天缴税100万元人民币的目标，最终还是在一片质疑中完成既定任务。

马云经常把“现在、立刻、马上”挂在嘴边，并且让它们成为提升执行力的行动口号。在众多互联网公司中，阿里巴巴团队的平均资历算不上最高，但是团队的执行力肯定名列前茅。对此，从一些小事中便可见一斑。

2006年中旬，阿里巴巴公司决定将服务器机房整体迁移到市区。这次大搬家不是一件轻松事，许多人害怕搬家，担心由此遗失或损坏重要的东西。然而，在这次搬家的过程中，工作人员同心协力，高效配合，不但没有出现任何问题，而且速度惊人。显然，这不仅需要高超的技术，更需要团队的认真、执著与责任心。这也正是阿里巴巴的核心竞争力所在，单凭这一点，它已经把竞争对手甩出好几条街了。

有一次在上海演讲，马云谈到了工作效率问题，他说：“高效的工作习惯是每个渴望成功的人必备的，也是每个单位都非常看重的。”如何实现高效工作呢？马云在演讲现场提出了五点要求：第一，跟穷忙、瞎忙说“再见”；第二，心无旁骛，专心致志；第三，量化、细化每天的工作；第四，拖延是最狠毒的职业杀手；第五，牢记优先，要事第一；第六，防止完美主义成为效率的大敌。

成功者与一般人的差别就在于积极的人生态度，有效的时间管理。他们深知，时间就是金钱，时间就是生命，所以养成高效工作的习惯异常重要。今日事，今日毕，不拖延，只有把握住今天，才能赢得明天。

请务必养成高效工作的方法和习惯，这不是逼迫你，而是这个时代的要求。历史的齿轮运转得如此之快，你又如何能够置身事外，悠然自得？动起来，快起来，提高工作效率，才不会被社会淘汰。

没有优秀的理念，只有脚踏实地的结果

很多人说我有非常优秀的理念，其实这世界上没有优秀的理念，只有脚踏实地的结果。

2010年，中国互联网最火爆的新兴事物非团购莫属，从最早的美团网到“百团大战”，再到“千团大战”，各大团购网站之间明争暗斗，不断上演价格大战。当时，团购网的热浪席卷了整个互联网，一时间知名网站也开始组建自己的团购网站。同年5月，阿里巴巴旗下的“聚划算”上线，立刻吸引了所有人的目光。

实际上，聚划算的问世来自淘宝网的一次“无心插柳”。起初，聚划算在淘宝中的地位微乎其微，甚至都不能算是一个部门。2009年，慧空从阿里软件调入淘宝网，颇有想法的他萌生了做SNS购物的想法，而目标客户群就锁定在办公室内的好友圈子里——让他们一起从淘宝网上购买商品，分担运费。这便是聚划算的前身，淘江湖的出现。

随着团购逐渐兴起，慧空的想法与高层不谋而合，于是开始谋划做团购。最初，慧空决定给自己的部门取名叫“聚便宜”，再三商量之后敲定“聚划算”。上线后3个月，每天更新3种产品，上午10点开团抢购，但是最终的访问量只有十几万。与淘宝网每日十几万的访问量相比，几乎可以忽略不计。

无法交出令人满意的成绩，聚划算的地位岌岌可危。转机很快出现了，9月9日当天，聚划算的网页中出现了一辆奔驰轿车的图片，上面醒目地写着“天下第一团”的字样，这是第一次有人在网络上售卖整车。仅仅过了3个半小时，305辆奔驰轿车全部售光，这在网络上掀起了轩然大波。一时间各大媒体纷纷报道此事，聚划算也借助这次的新闻效应打响了名声，当日的访问量一举攀升到上百万。

随后，聚划算又把目光锁定了即将落幕的上海世博会上。随着闭幕日期的临近，各个国家的场馆按照规定都要拆除，凭借蒲公英造型获得最高设计金奖的英国馆也无法幸免。聚划算的团队突发奇想，找到了英国馆的负责人，希望能以团购的方式让3万多颗圣殿种子留在中国，并特地让英国领事馆制作了相关证书。随后，团购消息立即上线，不到10秒钟，这些圣殿种子便被抢购一空。

2010 年 10 月 20 日，淘宝正式宣布，聚划算从淘宝网正式拆分，作为单独业务模块公司化运行和发展，由阎利珉担任总经理。这意味着聚划算开始独立运营。

2010 年圣诞节，聚划算决定绝不放过这个好时机。在一周的时间里，团队成员一口气推出了 200 多件精选商品，一天的销售额高达 3000 多万元。

到了年底，聚划算的年销售额已突破 5 亿元，成为了淘宝网自成立以来成长最快的业务线。随后，马云为聚划算团队颁发了“金旺旺”，一个金黄色的人形奖杯，表彰大家在过去一年里作出的贡献。

马云表示，聚划算取得的成功是整个淘宝生态链上的成功。当前，中国有 70% 的网购用户都是淘宝用户，B2B、C2C 以及团购是不可分割整体，聚划算自诞生之日起便依托阿里巴巴的电子商务基础设施，这是其他团购网站无法比拟的。

随后，聚划算开始从实物团购转移到本地服务团购。按照马云的构思，这是驱动社会的力量，而不是自己伸手参与经营地面的事情。聚划算本地服务业团购的第一单来自上海聚杰公司，对方是上海外滩新天地的一家东南亚风味餐厅，500 单在 2 个小时内便销售一空。

接下来，聚划算的规模逐渐庞大，本地团购从杭州、上海、西安、成都四个城市逐渐发展到全国 50 多个城市，而这个数字还在不断的增长。到 2015 年，已有 200 多家本地生活服务上聚集到了聚划算的旗下，每月的销售额已达到 2 亿元的规模。

马云说：“聚划算开创了中国团购的全新模式，掀起团购网络中的一场革命，摸索出利用阿里平台快速发展的道路，让淘宝网成为更多创新业务的成长平台。”

聚划算从开始只是一个概念，到通过商业实践越做越大，乃至成为团购市场的标杆，这背后花了很多力气。比如，为了提高联动营销的效应，聚划算在网站中设置了多处栏目“我想团”、“秒杀”、“淘金币”等。

团队成员及时了解客户需求，提升客户购买兴趣，准确把握住风向变动，调整策略。

在实践梦想的过程中，我们要经历、克服不计其数的困难，最重要的是脚踏实地做事，让完美的构想变成触手可及的成果。

不要迷信那些策划“大仙”

我不太相信那些策划的大仙们，我认为蒙牛、小肥羊不是策划出来的，是踏踏实实的产品、服务和体系。

“要么电子商务，要么无商可务”，用这句话来概括这几年中国电子商务的发展非常贴切。十几年来，电子商务从无到有，将触手伸及每一个家庭，悄然改变着我们的购物方式和购物习惯。

马云能够引领中国电子商务浪潮，离不开他强大的执行力。许多人有不错的构想，但是只是一个空想家，他只会将自己的设想停留在口头上，一旦付诸实践就手忙脚乱，根本不知道从何入手。那么，马云的执行力如何呢？从天猫横空出世到迅速打开新局面可见一斑。

淘宝商城“瞄”了一声，“天猫”这个名字就取代淘宝商城成为新的名字。“天猫”取自 Tmall 的中文谐音，马云决定悬赏 60 万元向全球征集新的 LOGO 及形象。

2012 年 1 月 11 日，淘宝商城举行发布会，宣布正式更名为“天猫”。在发布会上，阿里巴巴集团首席战略官王帅说：“亚马逊不仅仅是一条河，更是全球最大的电子商务企业；星巴克不仅仅是咖啡，还代表着最大的咖啡连锁巨头和文化；天猫是什么呢？它应该是时尚、潮流、品质、性感的代名词和化身。”

马云则表示，天猫未来要成为全球最大的 B2C 平台。相比 C2C 平台的淘宝网，天猫有着更加清晰的商业模式，它由品牌商、渠道商、淘品牌、垂直的B2C企业以及各类第三方服务提供商共同组成。天猫的主要收入包括保证金、服务费，以及来自营销广告推广及各项增值服务。

淘宝网上大多数是一些个体商家自己开的店铺，并且时常爆出假货的丑闻，消费者颇有微词。相对于淘宝，天猫对消费者的吸引力就在于大品牌、服务好、质量好，杜绝假货。这让越来越多的人开始选择在天猫上消费，天猫也在续写着淘宝往日的辉煌。

马云说："天猫除了对优质品牌的追求外，还需要加强消费者的体验，这是天猫品牌原则中必不可少的一部分，我们一直在通过网络购物倡导一种全新的生活方式和心态。"由此可见，在推进电子商务发展的努力上，马云一直没有停下脚步。

2012年3月，天猫在北京举行年度盛典，现场展示全新的网购互动技术，拉近了与网购消费者之间的距离。天猫每一次举办活动，都收到了预期的效果，但天猫并未止步于此。马云表示，品牌的推广活动仅仅只是停留在表面而已，天猫品牌的打造除了通过这些宣传活动外，更需要通过向消费者提供优质商品以及完美的购物体验，只有这样才能把品牌打响，塑造过硬的品牌。

今天，电子商务模式大行其道，千万级的网商引领者消费者，成为新经济时代的第一批移民，他们将引导中国经济的转型。的确，电子商务正在逐渐改变着传统的商业模式，互联网将会在未来逐渐改变企业的采购流程，呈现出一个全新的供应链体系。

马云说："我不太相信那些策划的大仙们，我认为蒙牛、小肥羊不是策划出来的，是踏踏实实的产品、服务和体系。"在他看来，无论从事什么行业都要踏实走好每一步，必须将豪言壮语化为踏踏实实的行动，才能梦想成真。

在马云的带领下，以天猫为代表的电子商务模式将带领中国电子商务从新兴走向成熟，拉动现代物流等相关行业的迅猛发展，推动经济发展模式的深刻变革。对每个创业者来说，学习马云身上这种认真做事、高效执行的能力才是最重要的。

企业执行力的提高，得益于最大的前提——周详的战略规划。战略规划最好是细致入微的，用数据说话，对市场和竞争对手都做出准确的分析。

具备了精准的战略之后，接下来必须要找对找准人来做事。战略的执行，靠的是人。每个人都有自己的长处和短处，有些人善于交际，但你却将他安排在生产线,那他无论如何也不会有高效的执行力。物尽其能，人尽其用，才是最优的安排。

然后就是运营机制。战略有了，人员配备齐了，可是如果后续没有清晰的、数据化的、公平公正的工作流程和绩效考核，也无法在工作中充分调动起员工的积极性，甚至可能导致员工的消极怠工。

不为失败找借口，只为成功找方法

失败者永远找失败的借口，成功者永远找成功的方法。

从淘宝的繁荣，到支付宝的辉煌，无不显示着马云的才华，印证着阿里巴巴的成功。但是，百密一疏的事情总会发生，马云也有过战略上的失误，比如发展物流晚了半拍。可贵的是，他从来不给自己找借口，一旦发现失误就立刻采取补救措施，朝着正确的方向改进。这种高效执行力让阿里巴巴快速实现了纠偏。

相对于淘宝的营业模式而言,与快递公司的合作经常出现各种问题，不尽如人意，如果可以将快递掌握在手中会如何呢？当年，百世退出淘宝的警钟告诉马云，直接办快递公司肯定不是最佳方案，在以“信息流、资金流、物流”三大要素为核心的电子商务中，发展物流势在必行。

为了解决物流问题，马云甚至披挂上阵，亲自去浙江邮政分拣中心实地考察。他希望建立一个现代的物流体系，一个在中国任何地方都可以运行的物流体系，并且可以 24 小时内送货上门。

马云永远不是空想家，一直是一个行动派。确立了新的梦想之后，他在知天命的年纪毅然卸任 CEO 职位，专心为物流梦开辟新的天地。“每个人都是别人挖的坟墓，但是如果学会给自己挖坟墓那才最了不起。”马云从来不缺少魄力。他用 10 年创造了淘宝，用 9 年完成了支付宝，阿里巴巴更是耗费了 14 年汗水。这一次，他把目光聚焦物流业，期待再续辉煌。

2012 年双十一，2 亿消费者在天猫和淘宝上消费了 191 亿元，物流可以在一天内运送 7800 万件包裹。但是，这是无数人发动全家老小来完成的，长此以往，中国电商的未来该怎么办？马云预计十年后每日包裹的运送量可以达到2亿件，那么当今中国的物流体系无法撑起2亿的未来，所以发展物流迫在眉睫。

一段时间以来，马云一直在思考一个问题：“我们到底能为中国物流做什么？”他认为，“国家在整个物流建设上投入了几十万亿，但是效益并不是很高。随着电子商务高速发展，我们必须在中国提升整个国家和社会的效益，最紧迫的任务是快速实现货达天下、货运天下。”

于是，菜鸟物流横空出世。“我们取这个名字是为了不断提醒自己，我们要对社会有敬畏之心，对未来有敬畏之心，希望自己成为一只勤奋、努力、不断学习、对未来有敬畏、对昨天有感恩的鸟。”

一直以来，关于基础设施的项目都是由国家牵头完成，马云愿意尝试联合并带领民营企业为这个社会、为这个时代做一份贡献，并向更多的金融机构展示信心和能力。马云从不怕失败，并一直勇敢地为梦想奋斗。

在 2013 年的一次颁奖典礼上，马云说如果将来出一本书，就会取名《阿里的 1001 个错误》。由此可以看出，马云承认自己并非完人，犯过许多错误，但是他很清醒，从不回避自己的错误，并勇于纠偏。这种高效执行力，无疑是一种稀缺的品质，也是反败为胜的利器。

马云的创业之路并不是一帆风顺，他做出的每个决定也并不是完全正确。可贵的是，他敢于正面应对自己的错误，从失败中寻找教训和经验，敢于拍拍身上的土重新站起来。不为失败找借口，只为成功找方法，是有大格局的表现。

2004年，美国科学院院长布鲁斯·艾尔伯兹访华，期间应邀为《科技日报》的读者撰文："在我来华访问期间，多次有人让我解释，美国的科学为什么能取得如此辉煌的成就。答案可能多种多样，但是中国人可能容易忽视这样一个影响因素，那就是美国社会尊重失败。美国人尊重那些渴望成功、努力挑战困难的人，即使他们输得蓬头垢面。对于那些优秀而又雄心勃勃的计划，即使偶尔失败了也不以为耻。科学要探索，就会有失败。"

一个人要有敢于接受失败的心态和勇气，勇于重头再来，拥有积极进取的动力和精神。如果你能做到这些，距离成功通常不会太远。

三流的点子加一流的执行水平

三流的点子加一流的执行力，永远比一流的点子加上三流的执行力更好。

让好的创意产生价值，需要一流的执行能力，否则一切都是空中楼阁。在企业内部，执行总裁位列第一，然后是人力总裁、财务总裁，足以看出企业对执行力的重视。

"三流的点子加一流的执行力，永远比一流的点子加上三流的执行力更好。"这不仅是全球顶级风险投资商孙正义信奉的价值观，也是马云大力推行的经营艺术。企业有了正确的目标与规划之后，重要的是立即行动起来。

在2013年举办的"中国战略性新兴产业发展论坛"上，国家能源委专家咨询委员会主任张宝国在演讲时提到了马云。他说，有一段时间发改委提倡学习型政府，马云学习能力强，并且很有执行力，所以常常被拿来当做榜样。

张宝国进一步说，马云说话时在台上走来走去，讲完之后还要让大家提问。有一次，张宝国带头提问："马云先生，我管了很长时间的能源，特别是煤炭订货会都是一万多人，但是现在搞得乱乱的，你们的支付宝、淘宝网能不能卖煤？"马云回答说没有想过这个问题，过去都是卖小商品，回去可以研究一下。张宝国说："卖煤其实和小商品市场交易是一样的，只不过金额不一样。"

会开完了，这件事就这样过去了，然而过了没多久，有人告诉张宝国，马云在卖煤了。开始时，张宝国不相信，后来经过查证确认了这件事的真实性。张宝国说，这就是年轻人，执行力真强。在这个事例中，我们看到了马云的速度，看到了马云的执行力。

马云认为，"工业时代的发展是机器加人工，而网络时代一切都是信息化，难以预测。因此阿里巴巴不是计划出来的，而是立刻、马上干出来的。"

有一段时间，马云带领阿里巴巴风风火火地向海外市场拓展，结果不如人意。随后，他果断选择回国，并把这次战略叫做BtoC(backtoChina)！回到中国后，马云快刀斩乱麻，做了三件大事："延安整风运动""抗日军政大学""南泥湾开荒"。

"延安整风"，统一思想，树立统一的价值观和使命感，稳定军心。当时，阿里巴巴纳斯达克上市的梦想刚刚破碎，员工士气低落，对公司的未来充满了疑惑。马云告诉大家，阿里巴巴有目标，有执行力，我们要做80年持续发展的企业，成为世界十大网站之一，只要是商人都要用阿里巴巴。结果，员工统一了思想，心一下子静下来，开始踏实工作，公司业绩直线上升。

"抗日军政大学"，是在最先进的价值观和使命感召唤下，培养能打硬仗的正规军。马云特别重视团队建设与人才培养，因为没有干事的人，一切都无从谈起。当然，他需要的是价值观、执行力都过关的人才，这样才能召之即来、来之能战、战之能胜。

“南泥湾开荒”，即面对客户应有的观念、方法和技巧。阿里巴巴的核心价值观是为客户提供优质的技术和服务，所有员工最终都要面对客户。因此，面对客户具备应有的理念，才能准确传递阿里巴巴的价值观；员工掌握科学的方法和技巧，才能更加精准、高效地为客户提供满意的服务。

马云的雷厉风行，让公司很快从海外市场的阴云中走出来。他带领团队制订的适合阿里巴巴发展的80年宪法，让公司越来越有方向感，公司实力稳健提升。最终，阿里巴巴麻雀变凤凰，从小米加步枪变成了一支现代化的集团军。

虽然是一个互联网的门外汉，但是马云能够领导这样一个互联网王国，靠的就是高效执行力。按照既定的发展策略，最大限度地调动员工的工作积极性，提高团队的执行力，给公司齿轮加上润滑剂，然后就能开足马力、快速前进了。

ABB公司名誉主席巴尼维克曾经说过：“企业的成功是5%的战略加95%的执行。”执行是一个企业成败的关键，执行力的高低决定着团队能够走多远。无论企业有什么样的宏伟蓝图，如果没有高效的执行力，一切都是纸上谈兵，空喊口号。

记住一句话，现实中不缺少梦想家，缺少的是实干家。所以有了好的策划，一定要有高效的执行力，才能够把事业做得成功。

第16章　马云谈竞争

走自己的路，但不让别人无路可走

互联网经济所到之处，充斥着对传统行业的压力和冲击，其实互联网行业内部的竞争更为惨烈。短短20年间，引领互联网潮流的大旗数次更迭，阿里巴巴为何屹立不倒？马云说，“真正厉害的竞争之道，是站在顾客的角度考虑问题，而不是站在赚钱的角度。”

没有永远的敌人，只有永恒的利益

走自己的路，但不让别人无路可走。对手死了，你一定活不好，一定需要一个对手，才会发展得越来越好。

对手，就一定是敌人吗？就一定只能拿来竞争吗？马云喜欢挑战，向来不惧竞争，但是这并不意味着他拒绝与竞争对手合作。马云始终坚信，对手的存在能让自己变得更加强大。

2006年，当淘宝和eBay在中国的竞争还未分出胜负时，一则重磅消息引起了大家的注意，那就是雅虎和eBay宣布将建立为期数年的战略合作伙伴关系。这个决定，无疑让这场火药味十足的竞争一下子变了味道。

众所周知，当时雅虎中国实际上已经被阿里巴巴完全控制，同时雅虎以10亿美元投资持有阿里巴巴40%的股份。因此，市场分析者怀疑由于雅虎的介入，阿里巴巴集团旗下的淘宝网在与eBay的竞争中受到影响。

做任何事情，一个人单打独斗肯定寸步难行。你必须与他人合作，才能实现远大的发展目标。在合作中互惠互利，是办成事、办大事的基础。选择与他人合作，通过优势互补实现利益的最大化，是一种高明的做事策略。如果只看到彼此的利益之争，那么就无法享受合作带来的成功和喜悦。在此，能否达成合作考验着双方的眼光、格局。

马云解释说，两者的合作不会影响到淘宝的发展。雅虎在阿里巴巴不过是个投资者，决策还是由阿里巴巴来做，而雅虎中国已经是一个独立的法人实体，美国雅虎的合作不会影响中国的业务。马云还进一步透露，他实际上参与促成了雅虎和eBay的合作。在他看来，两家企业在竞争中合作是未来互联网市场的发展趋势，而且雅虎和eBay已经接触了一段时间，马云只是扮演了一个牵线搭桥的角色。

雅虎是一家全球性的互联网通讯、商务及媒体公司，在全球共有24个网站，总部在美国。雅虎是全球第一家提供互联网导航服务的网站，无论在浏览量、网上广告、家庭或商业用户接触面上都居于领导地位，也是最具有价值的互联网品牌之一。

阿里巴巴是全球企业间B2B电子商务的翘楚，是全球国际贸易领域内最大、最活跃的网上交易市场和商人社区，遍布220个国家和地区，被誉为和Yahoo、Amazon、eBay比肩的四大互联网商务流派代表之一。如此骄人的成绩，似乎阿里巴巴有足够的资本可以牛气一把，不用把其他竞争对手放在眼里，但是马云没有这么做。

雅虎和阿里巴巴可谓是互联网领域里的一虎一狮，但老虎和狮子见面就一定要打架吗？马云没有让这一幕发生。

自从1999年进入中国以来，雅虎表现平平，搜索引擎市场被百度牢牢把控；而阿里巴巴在核心技术上存在短板，难以获取领先优势。马云看到了这两点，向雅虎中国伸出了友谊之手，合作的目的就是将雅虎作为一个强大的后方研究中心，借助搜索引擎技术提升未来电子商务发展空间。

有了这个先例之后，马云表示将来不排除阿里巴巴和竞争对手合作的可能性。淘宝和易趣，淘宝和百度，淘宝和Google，都存在携手发展的可能。

事实上，今天商业社会高度发达，全球化趋势越加明显，企业的压力也就越来越大，市场要求企业不断加快创新速度。在这种情况下，你争我夺的竞争对手当然可以在互不损害双方利益的前提下达成合作，结成战略同盟。

在人力资源管理领域，有一个著名的木通理论。一只木桶能装多少水，不是取决于最高的那块板子，而是取决于最低的板子。一个人在实现我方利益的同时，如果不懂得与他人合作，最后很难达成所愿。

戴尔电脑公司 CEO 迈克·戴尔认为：“一个人不能单独做成任何事。卓越的公司领导人都在一定程度上拥有成功的团队……领导人总是寻找一些在技术经验方面与自己互补的杰出人才一起提升其经营水平。在多数情况下，管理团队中的成员拥有同样的热情、人生观和价值观。”

无论身处任何地方，你都不是独立的个体，而是集体中的一份子，或是群体中的一员。在争取个人利益的时候，有大格局的人善于合作，通过共同协商找到最合适的方案，实现利益共享。

人要被狠狠PK过，才有出息

就像武侠小说描写的那样，一个有资质的人会在一次又一次的比武中得到顿悟，进而功力大增。

马云是一个竞争意识非常强的人，从中国第二家商业网站建立的那一刻起，他就在与对手竞争。当各类商业网站如雨后春笋般涌现的时候，他依旧保持着竞争的热情，没有丝毫懈怠和退步。大大小小的竞争让马云保持着旺盛的战斗力，以及高度的警惕性，所以当他真正遇到强大的对手时，可以充分释放自己的能量，直至取得胜利。

2011 年初，腾讯推出了微信业务，两年后又推出了支付功能。2013 年 8 月 19 日，网易与中国移动发布“易信”。2013 年 9 月，阿里巴巴推出“来往”。这是一个不安的年份，移动即时通讯社交产品市场中硝烟四起，马云有了危机感。

当年，淘宝与 eBay 的战争使马云意识到没有什么事情是天注定的，没有谁一定会胜利。这次创立“来往”，依旧是马云主动出击的结果。

2014 年春节，微信抢红包无疑是最热闹的事情。腾讯官方发布了刻意被调低的数据表明，除夕夜到大年初一短短数小时内，参与微信抢红包的用户超过了 500 万人，总计抢红包 7500 万次以上。然而，微信红包的核心不在于微信，也不在于红包，而在于收发微信红包必须绑定银行卡。在此基础上，消费者就可以利用微信支付“我的钱包”进行各种消费，比如买火车票、滴滴打车、网上购物、信用卡还款等。

一时间，无论网上还是网下，人人都在谈论微信红包，马化腾无疑造就了中国互联网史上最为成功的一项网络营销事件，这也是最成功的一场网络全民活动。一直依靠支付宝在网络支付领域独霸天下的马云惨遭偷袭。

此前，马云凭借支付宝在网商金融领域遥遥领先，到达了“用望远镜都看不到竞争对手”的境界。然而，微信犹如一支奇兵从天而降，威胁到了支付宝的霸主地位。一时间，移动平台的商业战争已近白热化。

无疑，微信红包是马化腾和马云在支付领域的短兵相接。虽然遭遇伏击，但是马云仍然保持着理性思考，认真看待竞争对手，并寻找发展路径。马云分析道：“现在业界有一种误区，把微信神化了，以为微信什么都可以做。其实一个APP不可能解决所有问题，任何应用都有它的第一属性。”

基于这样的认识，阿里巴巴有意在移动端重点打磨来往、手机淘宝、支付宝钱包三支利剑，迎战腾讯的攻击。可以说，二马竞争完全基于市场化的环境之下，完全依托创新的手段和威力，让6亿多网民用户直接受益，并引爆电信运营商和传统金融两大领域的变革与发展。

如何看待身边的竞争对手，最能体现一个人的格局。竞争对手，可以是生意场上的，可以是工作上的，也可以是情感上的。不可否认，竞争对手给我们带来了竞争压力，于是，有的人对竞争对手恨之入骨，采取了极端的措施。他们只想打败竞争对手，然而这种你死我活的零和游戏并不好玩，搞不好就会两败俱伤。

其实，最明智的做法是把竞争对手当作一面镜子，采取一分为二的心态对待，既欣赏对方的优势，又能认识到对方的不足，然后用自己的优势去和对方的弱势相竞争。在他们看来，如果赢了，要保持警惕，继续提高自己的综合竞争力；如果输了，则要分析其中的原因，同时会向对手学习。显然，这是一种良性的竞争状态。

不是战败对手，而是发展自己

竞争最大的价值，不是战败对手，而是发展自己。与对手的竞争终有时尽，而与未知的“明天”竞争既充满了无限的可能，也潜藏了无尽的机遇。

商场上没有永远的朋友，也没有永远的敌人。大家都是为了自己的明天在不断地努力，在发展中让自己更加强大。竞争对手无处不在，数量众多，唯有以合作共赢的心态做生意，才能共同发展，乃至成为最大的赢家。

中国有不计其数的网站，其中绝大多数是一些中小网站，构成了互联网一条长长的尾巴。众多企业都把广告投放在一些知名门户网站，结果那些被人遗忘的小网站鲜有人问津。在这种情况下，马云又出一杰作，推出了网络广告交易平台阿里妈妈，为中小网站与广告主们提供一种新型的商业推广模式。

阿里妈妈依然隶属于一淘事业群，但它所涉足的领域却扩张到了整个互联网广告业务中。马云表示，阿里妈妈最核心的目标就是建立一个全国最精准、最实效的全网营销平台。

设立之初，阿里妈妈未来的业务分成三大块，一个是以“淘宝客”按成交计费业务为主体的淘宝联盟，一个是以“橱窗”展示广告位主题的 TANX 平台，以及移动广告联盟业务。阿里妈妈将为发布商提供免费的展位，为广告主提供一系列服务，包括从广告投放到数据监测，效果评估等。作为回报，阿里妈妈从每笔广告交易中收取 8% 的佣金。

马云说："在市场上，所有的广告主们，不管是企业家还是个体经营的小商户，或者是自由职业者，只要拥有一家规模不大的网店，都能轻松找到几个甚至多个合适的广告位。而我们今天的阿里妈妈就准备搭建一个公平、自由交易的平台。只要你拥有独立的域名地址，就可以在阿里妈妈上成为买家或卖家。"

随着互联网飞速发展，淘宝网和阿里巴巴上的商户们也在不断地成长，它们也渐渐有了对品牌进行宣传推广的需求。马云创业之初的梦想就是帮助更多中小企业发展，让天下没有难做的生意。在他的规划里，大家要通过合作实现协同发展，而非争得你死我活。商场上，打败对手并不稀奇，发展自己才是本事。

在推广初期，阿里妈妈实行免费政策，让客户充分体验到这一网络广告模式的好处。凭借自己庞大的业务模式，阿里妈妈在未来能够给予客户更多的服务，譬如信用评定，网站价值评估、往期交易数据等。毫无疑问，阿里妈妈解决了众多小企业主的燃眉之急。

"阿里妈妈的定位就是帮助中国中小企业发展成长起来，共同发展成大企业。"因此，阿里妈妈才敢主动放低门槛、让更多的小企业参与进来。通过集团积累的资源，阿里妈妈把网络广告的价格定得很便宜，甚至低至一块钱。依靠阿里系多年积累的客户资源，阿里妈妈能够准确的面对不同的用户投放正确的广告，真正做到了精准无误地投放。

马云说："竞争对手所做的每一项决策，都能使我们获得成长。竞争对手还是企业最好的实验室，因为竞争对手会研究你。而你也会从他们所提出的任何创新点子中吸取经验。"阿里巴巴最可贵的一点是，一直在建设生态产业链，阿里妈妈就是链条上的一个点；马云最可贵的一点是始终以合作、共赢的心态发展电子商务，在竞合之路上越走越远，也越来越成功。

在竞争中保持斗志，可以延伸自己的生命区间。在成长和发展过程中，人们需要竞争对手时刻鞭策自己努力前行。在公司里，为了在工作上保持旺盛的活力和高昂的积极性，管理者常常启动内部竞争机制，包括适时引入新人加入团队，目的就是让每个人在竞争中学习，在学习中前进。

让阿里巴巴成为数字经济体

生意难做之时，正是阿里巴巴兑现“让天下没有难做的生意”的使命之时。

思路决定出路，经营者必须与时俱进，才能增强企业在未来竞争中的优势。为此，增强技术优势、整合商业资源就成为当下最重要的事情。

阿里巴巴最广为人知的一面是电商身份，近年来它在科技领域也展示出强大的研发能力，令人刮目相看。当前，阿里巴巴正以计算、数据和商业化场景结合，为各行各业提供数字化转型方案，力图牢牢掌控未来行业发展趋势。

第一，2015 年开启中台战略。

利用“业务中台”，盒马鲜生、钉钉、飞猪等创新业务前端部门可以通过平台上的产品技术模块，像搭积木一样快速搭建起来。此外，在“数据中台”的帮助下，不同业务部门之间的烟囱式 IT 架构被打破，数据孤岛得以连接，从而实现了“一切业务数据化”，最大程度上提升了创新的高效能。

比如，中石化的工业电商网站易派客借助“中台战略”，从立项到上线只用了 3 个月，不仅短期内构建完毕了几大模块，一些科目的计算效率也提升了 30 倍。统计数据表明，易派客上线 120 天，订单总额达到 3.8 亿元。

以“中台战略”为核心的上云模式，将会成为大部分未来传统企业数字化转型的选择，全中国的各行各业都会享受到上云带来的便利。毫无疑问，这才是上云的“正确姿势”。

第二，2017 年发布 ET 大脑计划。

ET 大脑是面向特定行业智能化解决方案，以人工智能解决研发、生产、管理等一系列问题。目前，工业、城市、农业、医疗等多个领域都在广泛应用这一成果。在产业 AI 方面的布局，阿里云已经几乎覆盖了最重要的行业。

仔细研读中国制造 2025 的文件或者人工智能的规划，就会发现 ET 大脑已经帮助这些行业占据了行业信息化的制高点，前景极为可观。

比如，阿里王坚博士提出“城市大脑”这个概念，首先应用在杭州。数据显示，杭州城市大脑的试点区域接管了 128 个路口的红绿灯，该区域的道路上整个通行时间减少了 15.3%，骨干高架出行的时间节省 4.6 分钟，人工智能处理交通事故准确率为 92.3%。

第三，2018 年提出“阿里巴巴商业操作系统”概念。

经过多年发展，电商的线上红利已经吃完，这意味着线上用户数量的增长即将放缓，甚至停滞。此外，全球经济正在遇到困难，贸易、消费、股市、制造业一切开始变得不确定，中美贸易摩擦也进一步增加了市场的慌乱。电商之外，阿里巴巴需要找到新的增长点来说服投资人。

在这一背景下，2018 年 10 月 30 日，阿里巴巴集团 CEO 张勇发表致股东信，明确提出“阿里巴巴商业操作系统”的概念，全面赋能企业完成数字化转型。阿里巴巴经济体中的多元化商业场景及其形成的数据资产，与云计算结合形成独特的“阿里巴巴商业操作系统”，可以帮助品牌、商家和企业完成数字化转型，实现增值服务。

马云表示，这一次阿里巴巴依然会用新技术、新制造、新型全球化，创造新的价值。种种迹象表明，阿里巴巴越来越成为一家技术公司，并且拥有牢固的经济体生态系统，从而坚定大家度过全球性经济震荡的信心。

阿里巴巴成长的过程，伴随着一次次逆境突围，最终成就了更伟大的自己。为此，马云及其助手张勇面对国内外经济震荡的考验，借助数字技术提炼出阿里新的商业价值，试图让阿里巴巴成为一个真正全球化的平台。

竞争需要的不是技巧，而是布局

有一天即使阿里巴巴不在了，也希望“达摩院”还能继续存在。

在未来的商业竞争中，善用全球资源的人才能取得比较优势，获取超级利润。有多大格局做多大事，如果没有放眼全球的气魄，未来很难有大的突破和作为。科技进步日新月异，谁能成为先觉者，高瞻远瞩，先行一步，谁就能在21世纪成为行业的领头羊。

2017年10月11日，阿里巴巴集团在云栖大会上宣布成立“达摩院”，吸引顶级科学家进行基础科学和颠覆式技术创新研究。与此同时，马云表示：“未来3年，阿里巴巴在技术研发上的投入将超过1000亿人民币，包括全球研究院、高校联合实验室、全球前沿创新研究计划三大部分。”

从量子计算、机器学习、基础算法、网络安全、视觉计算，到自然语言处理、人机自然交互、芯片技术、传感器技术、嵌入式系统等，“达摩院”首批公布的研究领域了涵盖机器智能、智联网、金融科技等多个产业领域。

值得一提的是，阿里巴巴达摩院提出“以科技创新世界”，首批公布的学术咨询委员会容纳了10位顶级成员——3位中国两院院士、5位美国科学院院士，包括世界人工智能泰斗 MichaelI.Jordan、分布式计算大家李凯、人类基因组计划负责人 George M.Church 等。作为最高学术咨询机构，学术委员会对研究方向、重点发展领域、重大任务和目标等学术问题提供咨询建议。

“达摩院”实行院长负责制，阿里巴巴集团CTO张建锋（花名行癫）担任首任院长。他说：“今天的阿里巴巴，有能力更有责任为驱动人类科技和生活进步，做出更大贡献。在金庸小说中，达摩院代表最高武学机构。我们也希望阿里巴巴达摩院真正做到‘侠之大者、利国利民’。我们期望，下一个类似电和计算机的颠覆性技术创新，诞生在阿里巴巴达摩院。”

按照规划，“达摩院”已经开始在全球各地组建前沿科技研究中心，包括亚洲达摩院、美洲达摩院、欧洲达摩院，并在北京、杭州、新加坡、以色列、圣马特奥、贝尔维尤、莫斯科等地设立不同研究方向的实验室，初期计划引入100名顶尖科学家和研究人员。

达摩院体系内的研究人员大多数是各个技术领域的科学家，他们认为“阿里达摩院不同于其他公司的研究机构”，最主要的工作是技术创新，探讨和业务、商业的合作的可能性。大家努力跳出学术研究的小圈子，希望将前沿的技术应用到更多领域，为更多的人服务。

2018年4月，阿里达摩院宣布了自主研发AI芯片——Ali-NPU，其性能将是目前同类产品的40倍。5月，达摩院量子实验室宣布，研制出世界最强的量子电路模拟器“太章”，并在全球率先成功模拟了81比特40层的作为基准的谷歌随机量子电路，挑战“量子霸权”。

在武侠世界里，达摩院代表了武学修为的最高境界。同样，阿里之下的达摩院聚焦科研，也代表了精进、执着和专注的精神。马云对达摩院发展提出了三个要求，“活得要比阿里巴巴长”、“服务全世界至少20亿人口”、“必须面向未来、用科技解决未来的问题”。

聘请技术领域的顶级大牛为阿里的“达摩院”出谋划策，并招揽全球顶级科学家和研究人员，力图在世界前沿技术领域有所作为，马云展示了令人震惊的宏图大志，其竞争格局也令人刮目相看。

有能力的人做事，有本事的人做势，有智慧的人做局。人生这盘棋，首先要学的不是技巧，而是布局，正所谓“思维决定出路”、“格局决定结局”。科技是改变人类生活、决胜未来社会的利器，唯有站在科技前沿并有所作为，才能在未来的竞争格局中占据有利位置。

第17章　马云谈电商

用互联网思维把生意做到全世界

企业要成长需要做很多工作，电子商务作为一种工具，不是救命稻草，它只是企业发展中运用的一种手段。当你拿到这个工具之后，要回家自己解决问题，这才是真正的电子商务。

欢迎进入“网商时代”

一个新的互联网应用人群——“网商”，正在取代现在主流的“网民”和“网友”概念，从而使互联网进入“网商”时代。

随着网络技术的发展，人们对互联网的应用也在不断发生改变。一项专业调查显示：2000年前后，中国互联网用户主要上网收发邮件、浏览新闻、搜索信息，这是一群标准的初级网民；2001年后，短信、即时通讯、交友、游戏成为上网者的最爱，他们形成一个个不同的社区，网友经济异常活跃。

后来，当电子商务和电子支付变成现实的时候，网商又成为一种新兴的商业力量。最初，他们的人数虽然不多，但是通过网络创造财富的能力却非常惊人。互联网分析师认为：“电子商务尤其是C2C是互联网最‘草根性’的应用，这个群体1年的网上交易金额就达数千亿元。这表明，一个利用网络创造财富的网商时代已经到来。”

对此，马云表示：“中国电子商务产业格局正在发生巨变，一个新的互联网应用人群——‘网商’将取代现在主流的‘网民’和‘网友’概念，从而使互联网进入‘网商’时代。”

2004年7月，首届“网商大会”召开。阿里巴巴遍寻中国市场所有电商，无论规模大小，无论交易平台如何，“只要能对中国电商有促进作用，或者是一种创新，都当做典型让更多人了解”。

杨致远认为：“电子商务的发展有网商的一部分，也是中国未来经济发展很重要的一部分。马云开始创造阿里巴巴的时候，中国的经济也才刚刚开始，网上商务和中国经济的进步几乎同步。只有在中国这样的环境之内才能产生这么多杰出的网商，在欧美已经成熟的市场网商没有这么发达，因为很多传统的公司还没有完全用互联网做商务。”

中国网商发展始终处于野蛮生长状态。有的经营者说：“自己的生意100%源自网络。”在一部分网商看来，想通过网络把生意做好并不困难，最重要的是给商品拍个好照片，做个没有错别字的文字说明。道理不难理解，如果照片看上去像盗版，就会直接影响该网店的诚信度，因为网上做生意全凭第一印象。

也有网商承认，自己最初在淘宝网上开店只是为了卖掉库存，没想到效果超出预料，结果越做越好、越做越大，干脆把它当做一项好生意。想不到这个后来还可以成为一种职业，年销售额达数百万。一个不争的事实是，越来越多的人因为参与到电子商务中来改变了命运，不但实现了致富的目标，甚至实现了人生价值。

面对网商的蓬勃发展，马云断言：“十年后的成功企业家一定是八九十年代的人。”他进一步解释说，“经济危机昭示着经济结构和商业文明的转变，它是资本密集型走向知识密集型的强烈信号，以前是靠关系做生意，现在靠诚信做生意。没有改变，就没有机会。”

进入网商阶段，“网货”交易不仅让消费者享受到丰富的产品和服务，也让消费者的购买行为和信息产生了应有的价值，比如企业可以根据市场需求做出相应的调整，而从改写市场商业规则。

不可否认，电子商务的确能够提高企业的经营效率和透明度，但是请牢记一点：电子只是手段，商务才是本质。如果企业不从实际需要出发开展电子商务，只是做给大众看，甚至盲目追随潮流，这显然是舍本求末的做法，最终会导致失败。

今天，技术革命日新月异，对人类社会产生了方方面面的影响。唯有主动迎接变革，并主动顺势而为，才能不负这个时代。

专注服务80%的中小企业

听说过捕龙虾富的，没听说过捕鲸富的。

创办阿里巴巴之前，马云已经在互联网行业摸爬滚打了好几年。直到在美国接触到互联网，他才发现了一个巨大的商机。

在市场经济相对成熟的美国，各行各业中排名前三的那些大公司、大企业掌握了绝大多数的市场和资源，对市场有着绝对的话语权；而且由于大公司和大企业的规模大、资金多，因此绝大多数的电子商务公司主动为它们提供服务。

而在中国，99% 的企业都是中小型规模，而且市场环境和美国的情况截然不同。所以马云认为中国不能照搬美国那些电子商务的模式，eBay、AOL、亚马逊和雅虎等互联网公司在美国成功运营的方法未必适应中国市场。

此外在世界商业舞台上，亚洲以出口导向型经济为主，中小公司一直处于弱势地位。亚洲是最大的出口基地，当然有大量的中小型供应商。但是，这么多中小公司自身无力投入资金进行市场推广。马云看到了这个机会，盯准了这块得天独厚的资源。他把大公司比作鲸鱼，把小公司比作虾米，说道："让别人跟着鲸鱼跑吧！我们只要抓住些小虾米，很快就会聚拢 50 万个进出口商，我怎么可能从他们身上分文不取呢？"

因此，马云给自己定下了明确的目标——专注于做 85% 的中小公司的生意，15% 的大公司生意放弃不做。这样的创业方式在当时是不按常理出牌，然而马云有自己的想法："互联网是穷人的天堂，如果公司有穷富之分的话。那些大公司一般都有自己的渠道，有巨额的广告费。中小公司作为'穷人'，什么都没有，他们只有互联网，他们是最需要互联网的人。”

事实证明了马云的明智，他对中国的市场分析一直都十分准确，而且有着长远的目光，不局限于当前的利益。对于中国加入WTO，马云更是信誓旦旦地说，世界需要中国这个潜力十分巨大的市场，而且中国也需要世界。

很快，中国顺利地加入了世界贸易组织，并且凭借强大的制造能力一下子成为世界工厂。“中国制造”一时间遍布全球，不管是高端的电子产品，还是廉价的手工制品，在世界各地都可以看到产自中国的商品。

与此同时，以中小企业为主要服务对象的阿里巴巴迅速发展，其独特的B2B商业模式也迅速蹿红，被世界媒体称为第四种模式。而且令人瞩目的是，在中小企业死亡率超过15%的市场竞争中，和阿里巴巴签约的中小企业竟然有75%在第二年续签。正是因为马云的远见和果断抉择，让这些中小企业得以在市场中存活下来。不管盈利多少，只要是续签了，代表着那些中小企业活了下来。

今天，阿里巴巴成长为全球范围内企业之间进行电子商务的第一品牌，也成为全球国际贸易领域最大的网上交易市场和商人社区。凭借阿里巴巴提供的平台，在全球有无数中小企业找到了商业机会，有了更加低廉的进货渠道，也有了更多的出货选择，最终获得了生存发展的机会。

互联网出现之后，马云在电子商务领域中的壮举，让人们发现了新的商业规则。他用阿里巴巴帮助中小企业开创了一个新的时代，一个新的事业格局，也让阿里巴巴成了数以万计供应商的天堂。

坚持小而美的经营策略

“小而美”是未来电子商务的方向，今年（2012）的评选让人们看到了草根的创造力。网商已经从十年前的一个概念成为今天的一个职业，入围年度十佳的网商都是未来的企业家。

顾名思义,“小而美”是指那些规模不大,但是却具有独特价值的企业。比如,一家水果店的服务半径只有2公里,周围的居民都很喜欢店里新鲜、美味、丰富的水果,而且价格也很实惠,那么这个水果店就是小而美的。

对淘宝网来说,“小而美”就是从关注规模、价格、体量转向关注消费者个性化需求、商品品质及多样性,能让那些有特色的店铺从海量的网店中凸显出来,满足消费者全方位的需求,并与其他电商平台实现差异化竞争。

2012年9月8日,马云在第九届“全球电商大会”上正式提出“小而美”这一概念,主要基于电商平台不断倒闭、网络竞争吐血拼价等竞争局面。随后,这个全新的电商概念成为整个电商行业和传统企业最关注的方向。

同年11月,淘宝论坛在小而美专区开辟了一个新版块——小而美一条街,各淘宝店铺在这里发布主题帖,风格类似、气味相投的淘宝店铺可以抱团发展。从淘宝论坛上的卖家反馈来看,淘宝的小而美战略给了很多中小卖家信心,也促使更多中小卖家开始寻找和挖掘自身的特色。

在淘宝网站,哪些店铺属于小而美的典范呢?比如,老人手机店针对老年人的特点,产品设计上凸显大大的按键、大大的字体,以及一键求助功能等。力求简单使用,不讲究花哨的功能,结果极大地满足了老年人市场的需求。

小而美战略为中小店铺提高了曝光量,帮助中小卖家更容易获得流量,因此广受欢迎。此外,淘宝站内流量不再集中在广告位、直通车、聚划算等营销页面,让流量真正分流到各个有特色的店铺和具体的商品页面,从此有助于淘宝网的站内流量得到充分释放,并产生相应的价值。

马云认为,在未来一段时间,互联网将实现人们期待已久的转变——从一种营销渠道过渡为虚拟基础设施。那时候,规模较小的公司将会与大型企业分庭抗礼,展开有力的竞争,并以不可估量的能力在全球各地创造商机。

相比大卖家和品牌商,小而美的店铺更容易创造一种良性的互动氛围。用户和卖家的关系被简化为“买家—商品—卖家”，商品作为核心纽带将买家和卖家联系起来，而淘宝不再仅仅是一个交易平台，可以多方面展示、满足用户的需求。

此外，小而美的店铺具有天然的创新力和成本优势，经营过程中更加灵活，也更有市场竞争力。在电子商务市场上，出现大批小而美的店铺能充分展示开放、平等的互联网精神，也能有效避免传统品牌将垄断从线下搬到线上，从而实现良性发展。

推行小而美的经营模式，需要两个条件：一是产品“美”，也就是产品有特色，这需要经营者在产品定位、进货渠道等方面下功夫；二是营销方式灵活多样，较小的规模决定了店铺的营销和销售费用不多，为了实现销售目标必须在推广活动中灵活应变。

马云提倡小而美，同时也明白这一战略需要强大的平台支持。2013年元旦刚过，阿里巴巴全面推出“双百万”战略，即培育100万家年营业额过百万的商家。马云这一决定不但是为“小而美”电商站队，也意味着由B2C转向C2B——推行个性化制造理念，努力从消费流通领域进入生产制造，建立起消费者和制造业的和谐关系。

做生意重要的是打开思路，马云适时提出“小而美”这一电商战略，足见其商业头脑令人惊叹。商业世界没有固定的模式可以遵循，一切都是变化的。为了实现突破，你可以多交朋友，多与同行交流。同一个项目可以有很多不同的想法、思路，无论这些想法是对是错，可行不可行，你都会从中得到有益的启示。这就是交流的迷人之处，这就是打开思路的价值所在。

聚焦电子商务生态链

阿里巴巴的目标是转变为一个综合交易平台，凡是中小企业需要的，我们都会设法满足。

2007 年 11 月 1 日，马云与思科董事会主席兼 CEO 钱伯斯会面，二人友好握手。追忆往事，阿里巴巴与思科还有一段神交。

几年前，有人对马云的商业模式提出质疑，不清楚他如何挣钱。当时，马云承认无法清楚地回答别人的质疑。不过，他曾经用思科的成功来试图解释阿里巴巴。那时候思科一度成为世界市值最高的公司，马云也曾经问过自己，思科是怎么赚钱的，为什么路由器可以卖这么贵？虽然百思不得其解，但是马云得出了一个不算是答案的答案——看不懂的模式往往是最好的模式。

对于公司的发展模式，很少有人一开始就说清楚，最常见的情形是在实践中摸索，逐渐对未来战略形成清晰的认识。这并不难理解，如果一个公司一开始就已经有了固定的模式，那么对自身发展反而会成为一种制约。

在 2007 年第四届中国网商大会上，马云宣称："阿里巴巴的目标是转变为一个综合交易平台，凡是中小企业需要的，我们都会设法满足。"根据马云的设想，阿里巴巴要构建一个"生态系统"——从金融、技术、物流、信息资源等各方面为网商提供完整的交易环境，而非做简单的供应链。

当时，阿里巴巴共引入了 8 名基础投资者（美国雅虎、AIG、九龙仓主席吴光正、"糖王"郭鹤年、新地郭氏家族以及工银亚洲、台湾鸿海集团郭台铭、思科集团），其中有多家为传统行业巨头。由此不难看出，阿里巴巴将在更多领域与传统行业展开深入合作，共同打造电子商务产业链。

不得不说，马云的眼光是长远的，未来电子商务的成功者绝对不是单纯的传统企业，或者纯粹的网络公司，而必定是能将两者完美结合的企业。能够看到未来发展趋势，并把握好当下下足功夫，足见马云格局之大。

台湾作家高阳总结红顶商人胡雪岩的经商之道，说了这样一句话："如果你拥有一县的眼光，那你可以做一县的生意；如果你拥有一省的眼光，那么你可以做一省的生意；如果你拥有天下的眼光，那么你可以做天下的生意。”毫无疑问，马云能有今天的成就，离不开他超人的眼界。

随着网络技术的日新月异，任何企业都不能忽视与互联网接轨，从而更好地满足客户的需求，以及不断挖掘新的需求。

沃尔玛取得了神话般的成功，曾一度让海尔集团 CEO 张瑞敏痛并快乐着，也给了马云改变世界的启发。沃尔玛成功的最主要原因是严格控制了供应链每一环节的成本，也包括借终端力量对上游供应商利润的榨取。

经过一番观察和研究之后，马云提出了自己的想法：沃尔玛的采购与销售链条其实完全可以放在网上，阿里巴巴涉足产业链恰恰是要提高传统供应链的效率，还利润于原始厂商，降低沃尔玛等的压榨。除了沃尔玛，国美、永乐、大中等几个大渠道商也对制造商产生巨大的压力。阿里巴巴希望在厂家和经销商这个层面上建立一种机制，平衡眼前的矛盾，即构建一个很大的平台，让厂家和消费者有更好的机会互动。

为了应对挑战，阿里巴巴决定用 B2C 的形式打通阿里巴巴和淘宝网的界限，发展网上零售。这样就能去掉许多中间环节，从而直接将消费者与制造商联系起来，卖家可以直接以批发价把产品卖给消费者。

按照马云的设想，阿里巴巴将成为一个虚拟的商业平台，逐步将中小企业的销售中心、人事中心、技术中心、支付中心和财务中心都放在上面，其间横亘在 B2B、B2C 及 C2C 之间的一切环节都将被打通。

眼界的大小决定了成就的高低，眼界广者其成就必大，眼界狭者其作为必小。马云眼光长远，眼界宽广，因此对电商的思考超出了一般人的想象。他提出了电子商务生态链的概念，并付诸实践，创造了新的奇迹。

人生的结局由眼界而定，这体现了一个人的格局大小。人不能困于一隅、注目于一角，也不能自高自大，妄图以己之力登得九霄以凌云，只有先着眼自己的实力，再放眼面前的道路，才可以走出最平坦的一生，才可能走出最辉煌的一生。

电子商务靠诚信赢得未来

做企业就应该要诚信，做企业就应该要有使命和价值观，否则我们没必要那么辛苦。我并不觉得自己站在道德的高峰，我只是一个平凡的人，只是一个创业者。

诚信是一个人的立世之本，是商人发家的秘笈。一个企业要从良好的信誉开始，有了信誉自然就会有财路，这是必须具备的商业道德。注重积累信誉，经营者才能赢得合作；否则，失信于人必然关闭利润的大门，到头来搬起石头砸自己的脚。

电子商务只是生意形式的变化，仍然脱离不了诚信这个基础。马云曾在公开场合说过：“我还是坚信，诚信是有价值的，是可以变成钱的。”诚信的问题，不是恢复诚信，而是建设诚信，没有诚信就无法赢得认同与合作，做任何生意都无法打开门路。

几乎所有的企业都对网上商务活动存在诚信方面的顾虑，而传统的销售对诚信没有这么迫切。因此，做电子商务，最重要的就是诚信。

2002年3月，阿里巴巴推出了1688诚信通。它是为内贸企业量身打造、以企业诚信体系为内核的电子商务会员服务。诚信通打通多个商业场景（如搜索、社交、lbs、企业工作台、云等），帮助企业实现360度商机触达，为生意做乘法。截止2016年，累计认证企业超过100万家，非认证企业用户数近3000万家，拥有百万会员的认可和千万活跃买家。

一位学者谈到“诚信通”时说：“在现实层面上可能很难解决诚信这个问题，在网上反而容易解决了。”马云认为：“诚信通其实很简单，以后谁要和你做生意，先看你在网上的诚信通活档案，你获奖了可以放上去，法院对你们判决了也可以查到，我希望全中国每一个企业都有一份网上的活档案——这就是信誉的档案！”

马云深知诚信对于一个人、一个企业的重要性，所以诚信通是在做诚信的生意。他提醒身边的每个人，做诚信通的前提是阿里巴巴本身的信用让人信任。评论企业是否诚信不重要，重要的是诚信依靠身体力行。

因为有了互联网，有了电子商务，管理领域发生了很大变革，许多管理理论被修正或者重新改写。然而马云始终坚守一点，那就是诚信。为此，阿里巴巴加大培训力度，针对销售人员制定“百年大计”，针对诚信通服务制定“百年诚信”，阿里巴巴所有员工叫“百年阿里”，对客户的培训叫“百年客户”。由此可见，马云把诚信问题放在了重中之重的位置。

阿里巴巴的使命就是为小企业客户提供一个诚信和安全的网上交易平台，为此任何有损公司文化和价值观的行为均不被接受。在现代社会里，建立诚信体系非常难，但是马云和阿里巴巴愿意为此付诸努力，逐步建立和修正电子商务诚信体系，为中国商业进步贡献自己的力量。

网商时代的一大收获是，中国逐渐构筑起诚信体系。因为如果想把网上交易和电子支付进行到底，需要网商的诚信和自律作为支撑。如果在交易过程中不守信用，网友的一个帖子就可以让经营者前期的辛苦付出付诸东流。马云评价说：“今天成功的网商都是诚信、自律的网商，是自强不息的网商，中国的网商不凭关系，只凭知识和智慧开创一片片天地。”

电子商务有五个环节——诚信、电子市场、搜索、支付、软件。其中，排在第一位的就是诚信。做生意，诚实是做人和经商的根本，谁违背了这个最基本的原则，谁就受到市场无情的惩罚。反之，事业就会蒸蒸日上。

第18章　马云谈财富

帮助别人赚钱，然后才能让自己赚钱

“赚钱”给了创业者最原始的冲动，然而它绝不是唯一和最终的奋斗目标。在创业过程中，心智的磨练、个人价值的实现、生死之交的相遇、社会责任的承担……都可能超越账面上的财富。因此，“看淡钱”“看重人”才是一个企业家该有的价值观。

在公司形势最好的时候融资

不要在你最穷的时候找资本要钱，永远要在你最好的时候去找钱，要在企业发展最好的时候进行调整。

马云在一次演讲上说："vc 的钱不是来替你救命的，什么时候去找 vc 呢？不是在你最穷的时候找资金，所有创业者要记住：永远在你的公司形势最好的时候去融资，千万不要等到天要下雨，甚至已经下大雨了，才爬到屋顶上去修漏洞，那时候麻烦就大了。"

阿里巴巴创业的时候，互联网行业正一片火热，成为所有风险投资的宠儿。虽然刚开始运营，但是阿里巴巴已经有了迅猛发展，流量和客户都飞速增长，正处于一个良好的发展时期。

在这样的大好形势下，马云接到了美国顶级商业媒体《商业周刊》的电话，对方提出采访阿里巴巴。事情的起因说来令人震惊，据说"有人在阿里巴巴网站上发布消息，说可以买到 AK–47 步枪"。接着，马云带人找遍网站所有的消息，也没有找到这条买卖信息。

《商业周刊》是一家严肃权威的媒体，有关 AK–47 的报道着实把马云吓了一跳，也给阿里巴巴带来了一些负面影响。不过，"塞翁失马，焉知非福"？《商业周刊》的报道瞬间吸引了更多国际记者关注的目光，伴随着这些关注而来的还有国外的投资者。

这一年，国际风险投资机构在中国互联网市场进行大规模投资，以著名的老虎基金、高盛和软银为代表的风险投资商大肆向中国门户网站及电子商务网站砸钱，令人瞠目结舌。这时候，恰好已有一定名气的阿里巴巴最需要钱。于是，经过一番谈判，马云收下了来自高盛的第一笔资金——500 万美金，成为当时轰动一时的特大新闻。

马云说过一句话，值得所有创业者细细品味。他说："投资人最怕有人向他要钱，他最喜欢你不要（钱），而是他主动送给你！"请牢记一点，投资商不会主动给任何人送钱，除非你能帮他赚钱。

投资商选择项目都会小心翼翼，因为投资是为了获取收益。为了降低风险，他们只会把钱主动送给经营状况最好的公司。风险投资者提供了高额的资本，当然希望获得足够的回报，并要求在一定时间内收回投资成本，所以他们通常非常重视创业者的资格。比如，他们会花大量时间调查创业者的背景,除了财务方面的考虑,也会在意双方是否合作愉快。

经验表明，在公司发展形势、经营状况最好的时候融资，最有希望得到资金。因为公司状况是否良好直接反映了创业团队的能力，从而最大程度上影响到投资商的决策。

此外，为了顺利拿到风险资金，创业者可以先做出一番成绩，再去找投资商，从而在谈判中更有底气。而投资者也会因为你已有的成绩增强投资的信心，快速做出决断。

想赚钱就应该把钱看轻

真正有钱的人，会把钱看轻。如果满脑子都是金钱，这个眼里是美元，那个眼里是港币，没有人能把生意做大。

很多人认为，工作和创业是为了挣钱、发财。所谓"欲速则不达"，很多时候，你太想得到的东西，往往得不到。创业者不妨把对金钱的渴望转换成对人生价值的追求，将注意力转移到成就感和人生价值的满足上，这样反而更容易接近成功的目标。

马云从小就有一副侠义心肠。为了朋友，他跟别人打架，最后受伤住院，被学校处分。虽然付出了代价，却始终没能改变马云重情重义的性格。学生时代，老师、同学、邻居都对这个调皮好斗的男孩抱有一丝好感。

创业之初，马云和朋友成立海博翻译社，一度陷入窘境，举步维艰。马云靠什么撑到了最后？是强烈的利益驱使吗？不是！支持马云坚持下来的力量，是最初的梦想，以及强烈的责任心。马云把钱看轻以后，反而挣到了人生第一桶金。后来，马云亲手把海博打造成了杭州最大的翻译社。

马云说："我始终有一个理念，真正想赚钱的人必须把钱看轻，如果脑子里总是想到钱，反而不容易赚钱。"

有一次，马云在上海一个五星级酒店宴请重要客户。当时，一位高高帅帅的小伙子端着盘子走进来，看到马云之后说："我认识你呀，你是马云，我经常用阿里巴巴的支付宝分期付账，仔细算了一下，竟然可以省下一毛二分钱的利息。"马云听完心想，这样做其实是耍小聪明，如果不这么精于算计，他今天也许就不是服务生，而是酒店经理了。

唯利是图而又自以为是的人，到哪里都不受欢迎，甚至成为笑话。早年，马云和同事玩一个很流行的"杀人游戏"，当时大家商量好让马云做那个"杀人者"，并且表面上假装不知道，然后看马云一个人得意地表演，以为大家都不知道他是"杀人者"。

这次"出丑"让马云明白，永远不要把你的伙伴或对手当作傻子。如果你把钱看得太重，凡事从利润出发，那么无论你说什么、做什么，都容易招致反感或嘲笑。

当年阿里巴巴刚起步时，马云为了招聘到优秀的人才想尽了办法。后来，他带领一批精心挑选、培养的人才艰苦创业，终于迎来了黄金发展期。但是，这批元老中很多"聪明人"选择离开公司，独立创业。几年之后，离开的人鲜有成功者，而那些一直坚持留在公司的人稳稳地发展，稳稳地赚到了更多的钱。

有时候，太急于挣钱的小聪明真不如平平淡淡地坚持。这就是越想得到什么，往往越难得到的道理。不可否认，创业或者经商都是为了获取利润，但是如果完全把目光放在金钱上，就容易迷失方向，反而不利于思考行业本质，不利于制定科学的长远规划。有大格局的人渴望财富，但是绝不做守财奴。

赚钱是商人最热衷的事情，但是马云不是这样的人，他看重的是内心的财富和企业的成长。“赚钱之前先把钱看清”，其实是尊重金钱，让它发挥出更大的价值。

马云曾经很缺钱，后来很有钱，所以他对金钱比常人有更深刻的认识，对财富有非同一般的认知。手中的钱多了，财富成了一组数字，这让马云从更深层面思考财富的真谛到底是什么。后来，他想明白了，“财富的本意是帮助他人赚钱”，“如果不让别人富起来，阿里巴巴会是一个虚幻的东西”。

创业的理由有千万种，有的人是迫于生活压力，有的人是为了完成人生理想。虽然万变不离“赚钱”这个根本，但我们不能把赚钱当做创业的唯一目的。眼里只有钱的企业家无法吸引到伙伴和消费者。只有用人格魅力和正确的价值观感染合作伙伴和消费者，“钱”自然会来到你身边。

为事业打拚，说到底是为了积累财富。然而，财富不仅仅是金钱，如果一个人把金钱当成生命的全部，那么他的财富将会越来越少。看淡钱财，是一个人特别是企业家迈向成功应有的心态。

财散人聚，懂得分享才能收获更多

当你有100万的时候，你可以独占这个钱。当你有1000万的时候性质就变了，它将由金钱变成资本，这时候你开始担心利息了。当你有1亿元的时候，它将再一次升级，成为社会资源，这时候你要做的是替社会用好这些钱。

“财散则人聚，财聚则人散”，许多经营者不是不明白，而是不愿意这么干，自己兜里的财富谁都不愿意往外掏，或者说能少掏一点是一点。然而，总有一些大格局的经营者意识到了分享的重要意义，并把它作为一项重大原则，忠实履行这项责任，结果他们的事业一步步走向了辉煌。

在一次网商大会上，马云动情地说：“1988 年大学毕业后，我到杭州电子工业学院担任英语老师，每个月工资不超过 110 元。我攒了三个月工资买了一辆自行车，然后骑着车与伙伴们到处晃悠，感觉非常快乐。后来，创业小有成就，物质满足对我来说不成问题，却很难找到当时那种分享的快乐。直到现在，我再次与员工、同行一起创造财富、分享经验，仿佛又找到了快乐的源泉。”

同样是在网商大会上，马云对参会的淘宝店主和中小企业主说：“请大家多使用一下其他企业的产品，只有各个网商都能赚到钱，整个产业链都能赚到钱，阿里巴巴才更有前途。”

这就是马云的分享精神。为了共享网商资源，让大家都能赚钱，阿里巴巴先后投资 100 亿元，用于建设电子商务的产业链，从而更好地与同行分享平台，与合作者分享利益。

马云说：“当你有 100 万的时候，你可以独占这个钱。当你有 1000 万的时候性质就变了，它将由金钱变成资本，这时候你开始担心利息了。当你有 1 亿元的时候，它将再一次升级，成为社会资源，这时候你要做的是替社会用好这些钱。”多年来，马云一直很谨慎地“替社会用钱”，但是只要一出手，无不令人叹服。

2007 年，阿里巴巴在香港上市，一夜之间成为中国网络股市值冠军。按照以往上市公司的历史经验，这意味着创始人或创始团队将会拥有相对较多的股份，甚至控股权。但是马云与此背道而驰，他在阿里巴巴上市后所持股比例仅占 6.9842%，雅虎则持有 33.51%的股份，成为名副其实的最大股东。而原来集团持有的股票，马云将其分给 B2B 公司的 4000

多名普通员工。这种财散人聚的分享精神，令人感喟不已。

“他真不简单，愿意把自己的钱分给别人”，一位资深 IT 人士对阿里巴巴创始人马云的这一举动发出赞叹。显然，这也是他能够取得日后辉煌的重要原因。

阿里巴巴的二号人物蔡崇信说：“马云从一开始就选择把财富‘让’了出去。”当年，为解决公司注册和架构问题，他请马云发一份阿里巴巴原始股东的名单。在收到的名单上，蔡崇信发现基本上公司所有人从第一天起就成了创始人之一，马云将很大一部分公司股权让给了创业团队，阿里巴巴持股员工的比例大大高于企业普遍水平。

后来，阿里小微金服一口气掏出 40% 的股权，给小微金服以及阿里集团近 2.4 万名员工发放股权福利，实现全员持股。马云承诺，自己未来在小微公司的持股不会超过 7.3%。按照这个比例，他将成为网上可查的互联网股权结构资料中，有史以来持股比例最低的一位互联网大佬。

“这就是马云，我想这是独一无二的，在其他地方找不到。其他企业家往往会说：我想尽可能多持有股份，掌控公司。从第一天开始，马云的胸怀就是开放的，坚持与人分享。我真心佩服他。”蔡崇信说。

尽管持股比例如此低，但是马云仍然奇迹般地进入世界级富豪行列。面对财富，他有一套独特的看法：“一个人头脑里面老想着钱，成不了大事。”

马云说：“从阿里巴巴成立的第一天开始，我就没想过用控股的方式管理公司，更没想过自己一个人去控制别人。一个人富起来，整个公司的员工还是以前的工资水平，那么这个公司长久不了，因为员工不会一直跟着你做活雷锋。像阿里巴巴这样的公司需要把股权分散，这样才能使其他股东和员工干起工作来有动力和信心。”

很多人认为，获取金钱是一种证明自己能力的表现，但是马云并不这么看。他把金钱当作一种聚集人才的有效手段，其本身秉持的圆融的财富观和超强的人格魅力令人赞叹不已。

如同后来启动的“云计划”一样，马云一直极力推广小企业商业智慧分享平台，分享企业经营管理方面的经验和理念，帮助小企业共同成长。财散则人聚，分享产生快乐，善施者善得。这个道理在马云身上体现得淋漓尽致，也是每个准备走上创业之路的人应该首先具备的心态和气度。

赚钱不是目标，而是一种结果

永远不要把赚钱当作第一目的。坚持做正确的事，钱会跟着你来。

追逐利润是商人的本能，也是商业精神的最大特征。但是，如果只看重金钱，一切都以利益为指针，人的视野和行为就容易变得狭隘。把赚钱当做唯一目标，只注重“赚钱”的结果而不注重过程，难免为达目的不择手段，反而会走上违规犯法的道路。

如何赚钱，如何看待金钱，确实考验一个人的智慧。有大格局的人把赚钱看做追求快乐和发扬工业精神之后的结果，一切都自然而然地发生。这是一个成功企业家应该持有的财富观。

马云认为，创业不应该是一种生活的压迫或者虚荣心的催使，而应该是一种快乐的本能。只有你喜欢做这件事情，才能产生最大的热情和动力，有了激情才不会疲惫和抱怨。如果你为了赚钱而创业，那么创业之路将变成一个痛苦的炼狱。

在马云看来，朋友才是人生最大的财富。他崇尚武侠文化，内心充盈的江湖道义和朋友情谊远比声望、地位重要。

2009 年，马云开始在公司普及太极拳，并与李连杰一起成立太极禅国际发展公司。脱离金钱交易的束缚，追求内心修炼，成为马云新的生活主题。物质的富足无法让心灵获得安宁，因此在金钱之外还有另一个世界等待你发现。

随后，马云又投身自然保护领域，成为大自然保护协会中国理事会理事长。后与百仕达的欧亚平、北京中坤的黄怒波、春华资本的胡祖六、上海复星的郭广昌、老牛基金会的牛根生等16人，向四川省民政厅申请成立“四川大自然保护基金会”。这一连串耀眼的商界名人，在金钱之外都有一个共同点：从来不把赚钱当做第一目标。

中国现代化的基础是工业化，而工业化不仅限于物质层面的进化，更重要的是思想精神的更新。在这些精神气质中，最为重要的就是“工业精神”。中国企业与世界先进企业最根本的差距是职业化程度不足，职业化本质上就是工业精神——严格、认真、精准，像一部机器一样精密、协调运转。

工业精神其实是一种实业精神，是科学精神的延伸。与商业精神不同，工业精神更讲求公平竞争，更重视信用，更在乎长远利益。从这个角度上看，工业精神其实是一种平实、长久的发展方式。

在这个物质丰腴的时代，经济社会发展不再需要企业家狂热的金钱欲望，除了需要像马云这样的社会责任感，还需要执着的工业精神。著名管理学者汪中求说，如果创业者的一切行为都以“赚钱”这种商业精神为指导，会让城市空洞得只剩下大楼，今日中国经济乃至社会的种种难解问题，无不与“工业精神”缺失密切相关。

今天，新经济模式已诞生，传统企业正面临洗牌的局面。主动除旧布新，转变商业模式，成为企业唯一的选择。这种转变既包括经营方式上的转变，也包括思想观念上的转变。创业者需要不断提升职业化程度，发扬工业精神，不再把赚钱当做唯一、终极目的。

国家经济发展主要靠企业，企业兴衰主要依赖企业家。企业家不是单纯追求金钱的商人，还有社会责任感。他们的价值不只用财富衡量，更在于践行自己的使命，在金钱之外有更深邃的思想，有更长远的谋划，有更大的作为。

把钱财投入慈善事业

如果说创建阿里巴巴和淘宝是为了激发人们成为企业家的灵感，那么，我从事慈善事业是唤醒每个人的良知。

2013 年 3 月 11 日，马云宣布卸任阿里巴巴集团 CEO 一职，由陆兆禧接替。“退休”后的马云将全力做好阿里巴巴集团董事会主席一职，全面负责阿里巴巴的发展战略。

2013 年 5 月 10 日晚，马云在杭州黄龙体育中心发表了卸任演讲。他说：“从明天开始，商业就是我的票友，我为自己从商 14 年深感骄傲！”“解决你不败、不老、不糊涂的唯一办法是，相信年轻人！因为相信他们，就是相信未来。”

关于“退休”后做什么，马云说：“我将会从事一些自己感兴趣的事情，比如教育、环保。在这个世界上，每个人做好自己那份工作，做好自己感兴趣的那份工作，已经很了不起，让我们一起努力！除了工作以外，还要完善中国的环境，让水清澈，让天空湛蓝，让粮食安全……”

马云具有强烈的“武侠”情结，所谓“侠之大者，为国为民”。“退休”以后，马云在慈善上花了很大精力，也投入了大量钱财。这位中国新首富舍得在慈善事业上花钱，一点儿都不含糊。

投身慈善事业可以帮助更多的人，也能让手中每分钱都发挥应有的价值。因此，马云在慈善方面乐此不疲。早在 2010 年 3 月，他就加入了总部位于美国的大自然保护协会全球董事会，成为董事会中的第一位中国人。

2013 年 9 月 25 日，马云加入了美国生命科学突破奖基金会，出任该基金会理事，并且每年将为生命科学突破奖基金捐献 300 万美元。生命科学突破奖基金会于2013年2月20日成立，专门设立了“生命科学突破奖”，其宗旨在激励那些从事对抗癌症、帕金森、糖尿病和其他疾病研究的科学家。

2014年12月15日，“浙江马云公益基金会”正式成立，这是马云个人出资在国内设立的非公募基金会。按照业界对阿里巴巴1200～1500亿美元的普遍估值来看，这笔捐赠将会在30亿美元左右。也就是说，原本属于马云个人拥有的上百亿人民币，被他慷慨地投入公众福利领域。

作为企业领导人，马云具有天生的领导力和资源整合能力，因此从事慈善工作可以驾轻就熟。怎样让每分钱发挥最大的价值，怎样让每分钱帮助更多的人，马云用自己的天赋解决了这些问题，得到了众人的交口称赞。

对于公益事业，马云有自己的想法：“如果说创建阿里巴巴和淘宝是为了激发人们成为企业家的灵感，那么，我现在的工作是唤醒每个人的良知。”有大格局的人也有大爱，马云有更多时间和精力做慈善，为社会做出更多贡献才刚刚开始。

附录1：不会用智能技术的企业都将失败

（2018年9月17日，马云在2018世界人工智能大会上演讲，略有删减）

今天，全世界任何地方都在讨论人工智能，从一种技术概念到一场巨大的技术革命，它势必影响人类未来的生活。

我相信就像今天的世界一样，我们对这场技术革命有期待、有担心、有希望，也有困难。

今天在上海举办这样高规格的世界人工智能大会，是非常重要的。与世界其他地方举办这样的大会相比，比如硅谷、以色列，上海举办这次会议还是不一样的。

过去的大会以技术人员、工程师为主，因为人们往往把人工智能归于某种技术，上海举办这个会，内涵非常不同。

来上海参加这个大会，对我有一个很大的启发，人工智能是技术，但是又不是具体的一项或者几项技术。它是我们认识外部世界、认识未来世界、认识人类自身，重新定义我们自己的一种思维方式。可以说，我们在重新定义自己未来的生活方式。

现在，我想从个人角度谈一些看法、一些观察和一些思考。

首先，我认为“人工智能”这个词翻译成中文以后，并不是很准确，AI最好的翻译应该是“机器智能”。把AI翻译成“人工智能”，我觉得是人类把自己看得太大，把自己有点托大了。

蒸汽机释放了人的体力，但是蒸汽机并不是模仿人的体力；汽车比人跑得快，但是汽车并不是模仿人的双腿。未来的计算机会释放人的脑力，但是计算机不是按照人脑那样思考，机器必须有自己的方式进行思考。

更何况人类对于人脑本身的了解是极其有限的，人类需要学会尊重、敬畏机器智能，机器必须有自己独特的思考模式和逻辑。

发明机器的时候，人们就应该认识到机器比人类力气大；发明汽车的时候，应该认识到我们肯定跑不过汽车，机器比人跑得快、跑得远。发明电脑的时候，我们要明白机器一定会比人更加聪明。机器有智能，动物有本能，人类有智慧，我相信人类拥有的智慧是机器永远都无法获得的。机器可以更聪明，也可以更快速，也可以更强壮，但是机器永远不可能有价值观、有梦想、有爱，机器只有 Chip，而人类有心。

在过去的工业化时代，人越来越像机器，现在很多人研究技术是为了让机器越来越像人。而机器做人能干的事情并不稀奇，通过不断学习，向万物学习，做人干不了的事情，我认为这才是了不起。让机器纯粹模仿人类，我觉得意义并不是太大。

智能是改变世界的工具，智慧是改变智能的思想，我们应该真正担心的不是机器智能会超越人类的智慧，而是人类本身的智慧会停止增长。

第二，人工智能也好，机器智能也好，并不是融入一项技术，而是一种认识和思考世界的方式，也是我们为自己的未来确定一种生活方式。这不是简单的技术的改变，是生产力、生产关系、生产资料的改变。

未来，数据将会是生产资料，计算是生产力，互联网是生产关系，智能时代是基于这些改变而随之发生的巨大的社会变革。

所以这次技术革命所带来的变化远远超过我们的想象，未来 30 年，智能技术将深入到社会的方方面面，改变传统制造业，改变服务业，改变教育、医疗，我们所有的生活会因为数据、计算而改变。

例如新制造，工业时代和信息时代让制造业自动化、规模化、标准化，而数据时代的制造业是个性化、智能化、按需定制。

未来的制造业不仅仅是制造业，而是制造业和服务业的完美结合，未来制造业的竞争力不在于制造本身，而是制造背后的服务和体验。未来的制造业都是服务业，因为流水线上的大部分工人将会被机器取代，而人类的部分、体验的部分，不可能被取代。

上海服务业所占的比重超过了70%，我知道有的城区超过了90%。上海的服务业水平、上海的人才素质，是上海在未来占据的最大先机。最早制造业依赖于资源，中国的制造业基地都在东北，后来制造业依靠产业配套、产业链，制造业基地转移到长三角和珠三角。

未来制造业依靠的是数据，是服务业。服务业发达的地方，新制造才会发展起来。未来制造业的重点不是引进资金，而是引进知识和人才。

未来10–15年，传统制造业面临的痛苦将会远远超过今天的想象，企业如果不能从规模化、标准化向个性化和智慧化转型，将很难生存下去。未来成功的制造业一定是用好智能技术的企业，因为不会用智能技术的企业，将全部走向失败。

我认为，未来上海这个城市会被数据、互联网、云计算和IOT真正改变。上海是一个超级大都市，未来一切交通、城市治理、安全都需要有新的思想、新的技术来引领，从而成为真正世界一流的城市。

再比如新金融，今天世界上比较流行的是FinTech，而我们认为应该叫TechFin。FinTech是让传统金融更加强大，而TechFin是让每个人、有需要的人得到金融服务。数据时代，金融风控不是给银行穿上防弹衣，而是用数据技术预判风险、消除风险，不是去抓坏人，而是发现、预测坏事，这是风险思想的根本改变，这就是未来的新金融，可以让更多人受益。

IT是让20%的人受益，而DT、AI时代的数据技术是让80%的人受益，这就是这个世界未来巨大的机会所在。

真正的互联网金融风险极低，不是通过网络运作就是互联网金融，今天绝大部分P2P公司是披着互联网金融的外衣在做非法金融服务。真正的互联网金融依靠数据技术就，依靠数据风险的控制体系，依靠数据积累的信用体系。当你拥有大量数据的时候，必须用AI机器智能来进行风控，这才是真正的互联网金融。

互联网金融是我最早在浦东的一个会议上提出来的，但是今天几乎只要有一个网页都把自己称之为互联网金融，我觉得还是蛮可笑的事情。

第三，数据时代也是供给侧改革、经济转型的重大机遇，AI 技术、区块链技术、IOT 技术再先进，如果不能和制造业、服务业相结合，不能推进转型升级，不能推动社会更加绿色、更加持续发展、更加朝普惠的方向变革，不能让我们的生活更加健康、更加快乐，就毫无意义。

对传统行业来说，如果不拥抱新技术，不融入数据时代，我认为也没有意义。

前几天我刚发了一个微博，两天时间，我去了三趟淘宝造物节，感慨今天年轻人的创造力、创意、创新是我们想象不到的，甚至不敢想象。今天不是中国的制造业不行，而是落后的制造业不行；不是今天的中国没有创意，是你没有创意；不是今天的年轻人不努力，而是我们这些人不够努力。

所以我们今天要思考，是我们所有的人，我们的政府、企业家，我们这些掌握资源的人，有没有把数据，把这个时代摆到一个经济转型升级、自我变革的方向来，有没有为年轻人准备好环境。如果数据时代的使命之一是推动转型升级，是解决今天经济社会的很多问题，那么我们的规则、我们的体系、我们的思考方式、我们的整个教育都要进行改变，肯定不能用过去的方式来解决未来的问题。我们找到未来的方式，去解决未来的问题，这才是正确的方式。

过去你一年只去 30 个城市，未来我们一年可能会去 300 个城市；过去每人工作 16 个小时，现在 8 个小时，未来 4 个小时，甚至每天工作 2 个小时。我们做不到，我们的孩子能做到，今天做不到，未来能做到，我们要相信人类的智慧。

另外，新的技术是新的生产力，一切生产力的发展必须有新的生产关系与其相适应。创新要严防叶公好龙，人工智能如同任何技术创新一样，不仅仅是科学家、技术人员的挑战，也不仅仅是技术挑战，也是政府运营的巨大挑战。

飞机刚出来的时候伴随很多事故，但是我们并没有把航空工业消灭掉，也没用管理火车的方法管理整个飞机行业。去年，我跟美国交通部长赵小兰探讨关于人工智能、无人驾驶会快速取代美国很多就业，特别是对出租车行业带来巨大的冲击；赵小兰部长问我，您怎么看这个问题。

我认为，政府应该做政府该做的事情，企业应该做企业该做的事情。政府不应该关心出租车行业是不是被取消，那是市场行为，政府要关心是不是安全，人是不是会死亡。交通安全是第一要素，至于这个行业取代哪个行业，应该由市场决定。更何况有了交通事故，我们应该想办法怎么把交通事故降到最低，而不是消灭一个行业。

把一个行业打掉是非常容易的事情，但是把行业完善起来非常艰难，所以推动社会进步就一定会淘汰落后力量，得到好处的不一定为你鼓掌，但是受到伤害的一定站出来骂人。保护哭喊的落后力量，往往会成为破坏创新最重要的因素。

所以我希望大家记住，人工智能到来，它带来好处、带来坏处，这不单是科学家、企业家关注的问题，是社会各界各阶层对它的关心、关注和提升。

最后，谢谢大家，也祝大会圆满成功！

附录2：以前制造业靠电，未来靠数据

（2018年9月19日，马云在2018杭州·云栖大会主论坛上演讲，略有删减）

昨天晚上，我和数学家们进行了交流，非常后悔没有进入数学世界，当然也很幸运没进入那个世界，因为我进去很有可能被赶出来。

毫无疑问，没有数学作为基础，科学就可能没有基础，没有科学就没有这些技术。默默无闻在背后为人类社会作出巨大贡献的人，才是真正的英雄。阿里很荣幸能够发展到今天，能够为这些基础科学做一点事情。我们这个世界适应了任何有价值的事情，要能够马上采取行动，但是没有人类背后巨大的付出，就不可能有今天美好的未来。所有人都想到马上收获，就不可能有未来。

云栖大会已经召开到第九届，参加人数是九年来最多的一次，所有的人都是因为相信而来。第一次云栖大会召开的时候，只来了三四百个工程师，会场在酒店里，没什么东西可看，也没什么东西可以展览，只是思想交流。

到今天为止，我在这儿看到了全国乃至世界上优秀的高科技、黑科技云集。这里和其他科学论坛、展览会不一样，很多人不是来销售产品，而是展示、分享自己的思想。今天，我们到这里来都是因为相同的信念。

前年，我提出了未来人类社会，特别是中国经济将进入到新零售、新制造、新技术、新金融、新能源阶段。新零售实际上是在重新定义零售，今天要讲新制造。

因为新制造很快会对全中国乃至全世界的制造业带来席卷性的威胁。未来10到15年，所有的制造行业面临的痛苦远远超过今天大家的想象，我们必须有充分的思想准备，并且做好各方面的准备。有人说实体制造业正在消失，我认为制造业不会消失，只有落后的制造业会消失。技术革命将会持续 50 年，未来 30 年应用变革将深入到方方面面，不仅是技术变革，更有思想意识的变革。IT 主要是为了控制未来，而 DT 是创造未来。IT 把人变成了机器，而 DT 要把机器变成人那样；IT 时代诞生了制造业，而 DT 时代要诞生创造；IT 时代基本上依赖知识，而 DT 时代要发挥人类的智慧。

滴滴时代是平台思想，大家说什么是平台？平台是为了让别人做得更好。有人说，企业做大了，我自然会变成平台。让别人做得更好，让别人更加强大，只有具备这样的思想，你才可能成为平台。IT 要求标准化、规模化，而 DT 要求独特化、个性化、灵活性。新制造就是基于 DT 时代思想的制造业。

未来 10 到 15 年，传统制造业企业将会非常痛苦。在今天的外部环境下，在技术变革的大趋势下，依靠传统的资源消耗型的企业必定会越来越难，挑战也会越来越大，不拥抱新制造业的企业就如同盲人开车。你都不知道谁是你的客户，客户到底需要什么！

所有的制造业要保持高度清醒的认识，不能安于现状，特别是现在有一些制造业利用互联网拓展了自己的营销渠道，带动了一定的销售额，但这并不表明你具备了赢在明天的能力。不管你已经拥抱互联网还是没有拥抱互联网，必须思考未来的制造业该如何走！

未来成功的制造业一定是用好互联网，一定是 IOT，一定是云计算大数据的新型制造业企业，因为不用好这些新技术的企业都会失败。不是制造业不行，也不是制造业落后，是你的制造业不行。新制造将会重新定义制造业，重新定义客户市场，重新定义供应链，重新定义所有的制造和商业的运营和服务，这是一场技术的革命。

不是互联网企业和传统行业结合就是新制造，也不是一个产品加上芯片就是新制造。新制造的标准需要考虑是不是按需定制，是不是个性化，是不是智能化？

工业时代人类发明了流水线可以规模化，标准化生产数据时代同样可能也是流水线，但是流水线上却是个性化的生产。工业时代考验的是生产同一产品的能力，而数据时代考验是生产不同产品的能力。以前的流水线5分钟可能生产2000件同样的衣服，很厉害；今后5分钟要生产2000件不同的衣服，才更厉害。

20年以前，全村全省的姑娘穿一件衣服是流行，而现在每个姑娘要穿的衣服必须不一样。按需制造的核心是数据。未来的制造业靠数据，数据是制造业必不可少的生产资料。以前制造业发展得好不好看电力指数，未来我们看数据，看计算指数。芯片，人工智能，大数据，云计算，所有这些都会像蒸汽机、石油改变手工业一样，改变今天的生产空间。

物联网的本质首先必须是一个智联网，没有智能的物联网，我们认为这是一个植物人。其实我们有很多摄像头，而且都已经联网了，但是没有计算能力进行处理，没有人工智能摄像头，只能用来罚款，这是对数据的浪费。

芯片是核心技术，我们确实跟发达国家和发达企业有不少的差距，但是在IOT芯片领域，我们有机会换道超车。中国拥有全球最大的互联网用户和市场，有机会发展自己的芯片，很多时候因为基础不好才有可能实现跨越性发展。驱动未来制造业的是数据。大数据是生产资料，云计算是生产力，互联网是生产关系。大数据不是数据，“大”是计算大，只有计算能力强大，计算加云数据才是我们今天所说的大数据。

未来的数据算法专家不是在互联网公司内部工作，而是在车间里面写代码。新制造是服务制造业，我们要明白未来没有纯制造业，也没有纯服务业，不能再寄希望于制造业创造就业。现在有人不断说要通过制造业回归就业，我认为这是不对的。未来的制造业不是创造就业的大军，因为未来的制造业可能都是人工智能，可能都是机器人，未来真正创造就业的主要力量是服务业。

新零售是线上和线下的融合，制造业不是我们想象中的实体和虚拟的融合，是制造业和服务业的融合。新制造是制造业和服务业的完美结合，其竞争力不在于制造本身，而在于制造背后的创造、思想、体验、感受以及服务能力。未来创造就业的重点不是制造业，我认为像中国这样的国家一定是现代服务业成为就业的主要发动机，因为流水线上的大部分工作都会标准化，只要是标准化的工作都可以被机器取代。

贸易战也是为旧制造而打，我们提出的新零售不是为了自己做零售，而是告诉大家零售可以这么做。我们提出新制造，不是阿里巴巴要做制造业，而是帮助旧制造业进行改革。新制造从根本上会颠覆价值创造的模式，以前制造是制造者主导，未来是消费者主导。制造者主导的时候是大企业得益，消费者主导的时候是有技术创新的中小企业受益。

新制造不是大企业的独家专利，会变成中小企业的法宝。中国 90% 以上的机器设备都没有互相连接，只是一个个独立的载体。如果把制造业所有的机器设备，所有生产线的数据全部打通，实现智能化，我们将会彻底改变、改革经济发展的方式。贸易摩擦是技术革命带来的必然结果，是中美两国成长过程中的必然结果。长达三四十年的中美贸易发展到今天这样的规模，没有矛盾是不正常的，有矛盾是非常正常的。

没有经历过灾难的企业，即使你今天做得很大，也未必能够赢在明天。各位企业家，各位创业者，面对今天的贸易战，我相信这句话，“他强任他强，明月照大江”。我们要做好自己，做好长期的思想准备。本次贸易战不可能在短期内解决，要有 20 年的长期思想准备，踏踏实实做好自己。因为 20 年足够让任何一个企业成为未来的阿里巴巴，成为未来的亚马逊。

新技术是新的生产力，一切生产力的发展必须有新的生产关系与其相适应。创新要严防叶公好龙，无论是政府还是规模性、成熟性高的企业都要知道，创新最大的阻力不是包容失败、包容错误，而是要防止昨天落后的利益群体如何设下各种陷阱来阻碍、破坏新的生产力。所以，保护哭喊的落后力量往往会成为破坏创新的最重要的因素。

制造业一定会变革，新制造的班车已经启动。如果不加速进步，不去拥抱未来的变化，不改革自己，我相信未来10到15年，大家都会哭天喊地。

所以，我呼吁在座所有企业家以及不在这里的所有制造业负责人，必须抓紧学习、必须抓紧改革，过去十年零售业所面临的巨大痛苦很快会降临到制造业。我们必须明白，任何一个国家不会因为你是实体而保护你，而是因为你是未来才保护你，而是因为坚定的思想才保护你。